Diovana de Mello Lalis

INTRODUÇÃO AO ELETROMAGNETISMO

inter
saberes

Rua Clara Vendramin, 58 . Mossunguê . CEP 81200-170 . Curitiba . PR . Brasil
Fone: (41) 2106-4170
www.intersaberes.com
editora@intersaberes.com

Conselho editorial
Dr. Ivo Jose Both (presidente)
Dr. Alexandre Coutinho Pagliarini
Drª Elena Godoy
Dr. Neri dos Santos
Dr. Ulf Gregor Baranow

Editora-chefe
Lindsay Azambuja

Gerente editorial
Ariadne Nunes Wenger

Assistente editorial
Daniela Viroli Pereira Pinto

Edição de texto
Camila Rosa
Palavra do Editor

Capa
Débora Gipiela (*design*)
white snow e Valerii Evlakhov/
Shutterstock (imagens)

Projeto gráfico
Débora Gipiela (*design*)
Maxim Gaigul/Shutterstock (imagens)

Diagramação
Muse Design

Iconografia
Maria Elisa Sonda
Regina Claudia Cruz Prestes

Dados Internacionais de Catalogação na Publicação (CIP)
(Câmara Brasileira do Livro, SP, Brasil)

Lalis, Diovana de Mello
   Introdução ao eletromagnetismo/Diovana de Mello Lalis. Curitiba: InterSaberes, 2021. (Série Dinâmicas da Física)

   Bibliografia.
   ISBN 978-65-5517-463-2

   1. Eletromagnetismo 2. Eletromagnetismo – Estudo e ensino 3. Física I. Título. II. Série.

21-78514   CDD-537

Índices para catálogo sistemático:
1. Eletromagnetismo: Física   537

Cibele Maria Dias – Bibliotecária – CRB-8/9427

1ª edição, 2021.

Foi feito o depósito legal.

Informamos que é de inteira responsabilidade da autora a emissão de conceitos.

Nenhuma parte desta publicação poderá ser reproduzida por qualquer meio ou forma sem a prévia autorização da Editora InterSaberes.

A violação dos direitos autorais é crime estabelecido na Lei n. 9.610/1998 e punido pelo art. 184 do Código Penal.

Sumário

Apresentação 6
Como aproveitar ao máximo este livro 8

1 Vetores 13

   1.1 Vetores: definição e aplicação 15
   1.2 Operações com vetores 19
   1.3 Notação vetorial: sistemas de coordenadas 38
   1.4 Produto misto 44
   1.5 Duplo produto vetorial 45
   1.6 Aplicações dos produtos entre vetores 50
   1.7 Subespaços vetoriais 53

2 Carga elétrica 58

   2.1 Carga elétrica: definição 60
   2.2 Processos de eletrização 66
   2.3 Propriedades elétricas dos materiais 71
   2.4 Lei de Coulomb 77
   2.5 Campo elétrico 83
   2.6 Potencial elétrico 86
   2.7 Diagrama de campo elétrico e linhas de campo 89
   2.8 Lei de Gauss 92

3 Corrente elétrica 104

3.1 Corrente elétrica: definição 107
3.2 Corrente e condutividade 111
3.3 Lei de Ohm 114
3.4 Circuitos de corrente alternada 122
3.5 Corrente alternada × corrente contínua 130
3.6 Fasores 132
3.7 Circuitos de corrente alternada 134
3.8 Fórmulas da lei de Ohm e das potências 142
3.9 Tensão 145

4 Lei de Faraday e lei de Lenz 151

4.1 Equações de Maxwell do eletromagnetismo 154
4.2 Equações de Maxwell na forma diferencial 165
4.3 Lei de Gauss 169
4.4 Lei de Ampère-Maxwell 171

5 Capacitores de placas paralelas 181

5.1 Definição e concepção dos capacitores 183
5.2 Calculando o campo elétrico e a capacitância 191
5.3 Partículas inseridas em um campo elétrico 195
5.4 Propriedades dos capacitores 199
5.5 Associação de capacitores 205
5.6 Propriedades físicas dos capacitores 209
5.7 Impedância de elementos puramente reativos 214

5.8 Defasagens entre tensão e corrente em circuitos RCL 215
5.9 Cálculos em circuitos RCL paralelos 216
5.10 Reatâncias em circuitos reais 219

6 Magnetostática 226

6.1 Indução eletromagnética 230
6.2 Fluxo magnético 232
6.3 Lei de Faraday e força eletromotriz 236
6.4 Experimento de Faraday 239
6.5 Lei de Faraday 244
6.6 Lei de Ampère 252
6.7 Solenoides 262
6.8 Lei de Lenz 268

Estudos de caso 275
Considerações finais 279
Referências 281
Bibliografia comentada 285
Sobre a autora 288

Apresentação

A física corresponde a uma ciência cujo olhar está voltado aos fenômenos naturais, tendo como base a observação e a experimentação. Ela apresenta diversos ramos, entre os quais se encontra o que será abordado neste livro.

O eletromagnetismo consiste no estudo da relação entre as forças da eletricidade e do magnetismo como um fenômeno único, explicado pelo campo magnético.

Dessa forma, considerando a extensão que esse ramo da física tem, desenvolvemos este livro assumindo o risco de que incluir determinada perspectiva implica a exclusão de outros assuntos igualmente importantes, em decorrência da impossibilidade de dar conta de todas as ramificações que um tópico pode contemplar.

Ao organizarmos este material, vimo-nos diante de uma infinidade de informações que gostaríamos de apresentar aos interessados nesta obra. Fizemos escolhas tendo em vista o compromisso de auxiliar você, leitor(a), na expansão dos conhecimentos sobre o eletromagnetismo. Assim, a primeira decisão foi a de abordar, de forma introdutória, os tipos de grandezas considerados na física.

Tendo elucidado alguns aspectos do ponto de vista epistemológico, é necessário esclarecer que o estilo de escrita adotado é influenciado pelas diretrizes da redação acadêmica.

A você, leitor(a), estudante ou pesquisador(a), desejamos excelentes reflexões.

Como aproveitar ao máximo este livro

Empregamos nesta obra recursos que visam enriquecer seu aprendizado, facilitar a compreensão dos conteúdos e tornar a leitura mais dinâmica. Conheça a seguir cada uma dessas ferramentas e saiba como estão distribuídas no decorrer deste livro para bem aproveitá-las.

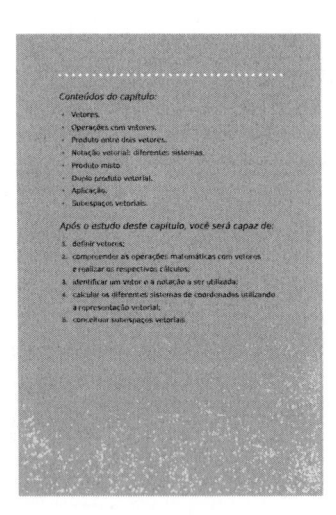

Conteúdos do capítulo
Logo na abertura do capítulo, relacionamos os conteúdos que nele serão abordados.

Após o estudo deste capítulo, você será capaz de:
Antes de iniciarmos nossa abordagem, listamos as habilidades trabalhadas no capítulo e os conhecimentos que você assimilará no decorrer do texto.

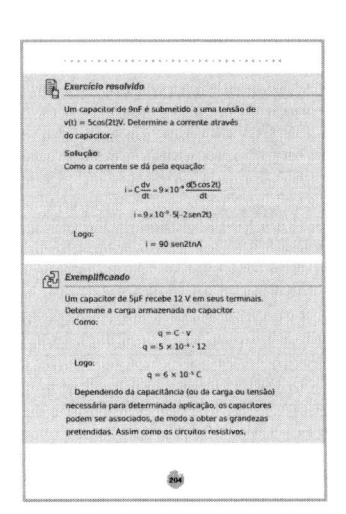

Exercício resolvido

Nesta seção, você acompanhará passo a passo a resolução de alguns problemas que envolvem os assuntos trabalhados no capítulo.

Exemplificando

Disponibilizamos, nesta seção, exemplos para ilustrar conceitos e operações descritos ao longo do capítulo, a fim de demonstrar como as noções de análise podem ser aplicadas.

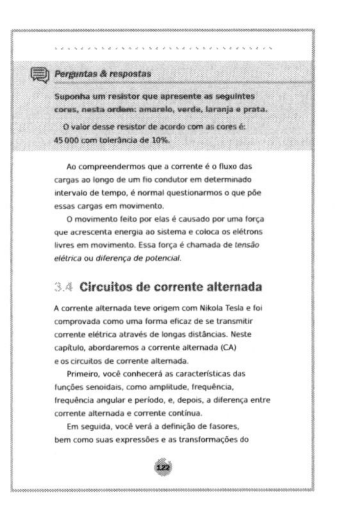

Perguntas & respostas

Nesta seção, respondemos às dúvidas frequentes relacionadas aos conteúdos do capítulo.

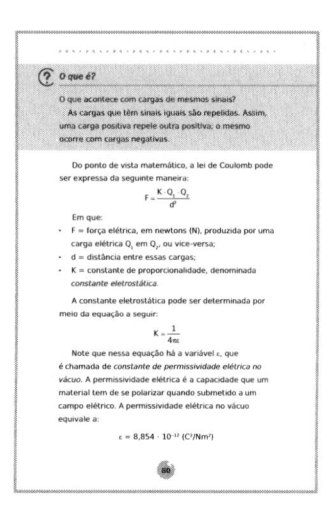

O que é

Nesta seção, destacamos definições e conceitos elementares para a compreensão dos tópicos do capítulo.

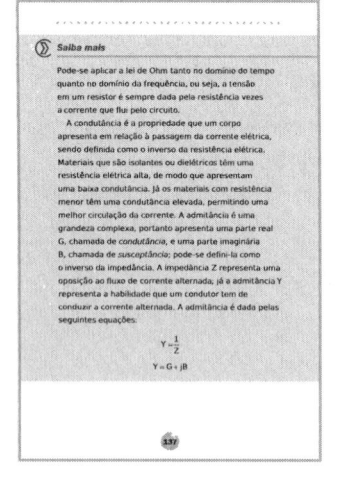

Saiba mais

Nestes boxes, apresentamos informações complementares a respeito do assunto que está sendo tratado.

Síntese

Ao final de cada capítulo, relacionamos as principais informações nele abordadas a fim de que você avalie as conclusões a que chegou, confirmando-as ou redefinindo-as.

Síntese (exemplo)

- Você tomou conhecimento de que, a partir das equações de Maxwell, é possível derivar equações de onda para os campos elétricos e magnéticos, não sendo necessário um meio especial para sua propagação.
- As ondas eletromagnéticas são compostas por componentes de campo elétrico e magnético que variam no tempo de forma sincronizada, com comprimento de onda e frequência característicos do tipo de onda emitido e com velocidade dependente das características eletromagnéticas do meio.
- Esse conhecimento é a base para que você se aprofunde no estudo de ondas eletromagnéticas e possa, se assim desejar, desenvolver sua carreira nessa área, com oportunidades de trabalhar com sistemas de telecomunicações, GPS, desenvolvimento de equipamentos médicos e de novos materiais, inspeção em sistemas aeroespaciais, esterilização de ambientes e superfícies com radiação UV e quaisquer outros ramos que puder idealizar.

Estudos de caso

Nesta seção, relatamos situações reais ou fictícias que articulam a perspectiva teórica e o contexto prático da área de conhecimento ou do campo profissional em foco, com o propósito de levá-lo a analisar tais problemáticas e a buscar soluções.

Estudos de caso (exemplo)

Válvulas solenoides

Este caso aborda a utilização das válvulas solenoides para diversas situações. As válvulas solenoides são válvulas eletromecânicas utilizadas frequentemente na indústria com a intenção de controlar o fluxo de líquidos ou de gases.

Joana é uma engenheira hidráulica e foi contratada por um garden center para desenvolver um sistema automatizado de irrigação, funcionando em determinados horários do dia e organizado por setores, já que plantas diferentes têm necessidades diferentes. Uma peça-chave para o projeto é a válvula solenoide, e Joana conhece bem seu funcionamento.

Para desenvolver seu projeto automatizado de forma econômica, ela projetou um sistema simples: uma válvula motorizada de 12 V para controlar o fluxo de água em um aspersor (sprinkler) e um circuito de controle com microcontrolador ligado a um relé com chave H-H, distribuídos em pontos estratégicos do espaço e programado de acordo com a orientação do cliente.

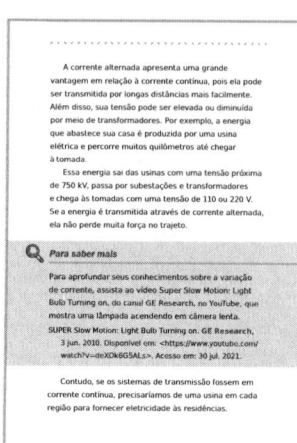

Para saber mais

Sugerimos a leitura de diferentes conteúdos digitais e impressos para que você aprofunde sua aprendizagem e siga buscando conhecimento.

Bibliografia comentada

Nesta seção, comentamos algumas obras de referência para o estudo dos temas examinados ao longo do livro.

Vetores

1

Conteúdos do capítulo:

- Vetores.
- Operações com vetores.
- Produto entre dois vetores.
- Notação vetorial: diferentes sistemas.
- Produto misto.
- Duplo produto vetorial.
- Aplicação.
- Subespaços vetoriais.

Após o estudo deste capítulo, você será capaz de:

1. definir vetores;
2. compreender as operações matemáticas com vetores e realizar os respectivos cálculos;
3. identificar um vetor e a notação a ser utilizada;
4. calcular os diferentes sistemas de coordenadas utilizando a representação vetorial;
5. conceituar subespaços vetoriais.

Neste capítulo, abordaremos dois tipos de grandezas, que apresentam características distintas: as escalares e as vetoriais.

As grandezas escalares são completamente caracterizadas com base em uma única informação. Na física, por exemplo, basta que se conheça a magnitude da energia para que ela seja completamente mensurada.

Contudo, há outras grandezas que requerem outros parâmetros para que sejam bem definidas, como deslocamento, velocidade, força e aceleração. Essas são as chamadas *grandezas vetoriais* e exigem módulo, direção e sentido para que sejam completamente identificadas.

Ao trabalhar com grandezas vetoriais, você poderá estudar alguns tipos de operações matemáticas que permitem somar, subtrair e multiplicar vetores por escalar ou realizar produtos vetoriais.

1.1 Vetores: definição e aplicação

Quando um corpo se movimenta de forma retilínea, podemos representar esse movimento de modo muito simplificado, adotando, por exemplo, para as grandezas envolvidas (distância, velocidade e aceleração), os sinais positivo, para deslocamento à direita, e negativo, para deslocamento à esquerda.

Com essa simples convenção, é possível descrever muito bem movimentos retilíneos. Entretanto, quando o movimento não se dá de forma retilínea, essa convenção simples de sinais não é suficiente, em razão da possibilidade de o corpo se deslocar em mais direções.

Como exemplo, podemos citar o deslocamento em um plano, onde um corpo pode se movimentar na horizontal e na vertical, e o deslocamento se dá no espaço tridimensional. Para trabalharmos com grandezas que necessitam mais do que uma intensidade e um sinal, utilizamos os vetores e chamamos essa grandeza de *vetorial*, sendo necessário, nesse caso, usar um módulo (intensidade) e uma orientação.

As grandezas vetoriais não se limitam apenas ao deslocamento, como velocidade e aceleração, podendo-se também representar forças, campos elétricos e campos magnéticos por meio de vetores. Assim, um vetor pode ser definido como um segmento de reta orientado.

Todo vetor tem um ponto inicial, uma origem, e um ponto final, chamado de *extremidade*. A direção de um vetor é da sua origem para a sua extremidade. Caso a direção seja invertida, ou seja, da extremidade para a origem, teremos um vetor em direção contrária.

As operações com vetores são diferentes das operações escalares, mas podem ser feitas somas e produtos entre vetores. Para isso, é necessário conhecer as regras para essas operações, bem como dominar a representação de um vetor e de seus componentes.

Os vetores são normalmente representados por setas. O comprimento da seta será a intensidade, e a ponta mostrará o sentido; com isso, é possível indicar o módulo, a direção e o sentido do vetor. Na Figura 1.1, a seguir, são mostrados dois vetores, *u* e *v*, que podem ser decompostos em coordenadas no eixo *x* e no eixo *y*. Esses vetores têm como ponto inicial a origem (0,0). Dessa forma, as coordenadas dos vetores são definidas como:

$$\vec{u}(x'', y'')$$

$$\vec{v}(x', y')$$

Para calcular os módulos dos dois vetores, utiliza-se o teorema de Pitágoras, visto que as componentes de ambos são ortogonais. Desse modo, os módulos dos vetores são:

$$|\vec{u}| = \sqrt{x''^2 + y''^2}$$

Um vetor é composto por uma componente em *x* e outra em *y*. No caso de um vetor no plano, por meio de relações trigonométricas, é possível decompor um vetor em *x* e *y* (Hewitt, 2015). Vejamos a decomposição para o vetor *u*:

$$x'' = |\vec{u}| \times \cos \theta$$

$$y'' = |\vec{u}| \times \mathrm{sen}\, \theta$$

Por relação trigonométrica de tangente, pode-se calcular o ângulo do vetor em relação ao eixo x do plano cartesiano:

$$\theta = \tan^{-1} \frac{y''}{x''}$$

Observe a figura a seguir.

Figura 1.1 – Representação de dois vetores (u e v) no plano cartesiano e suas componentes

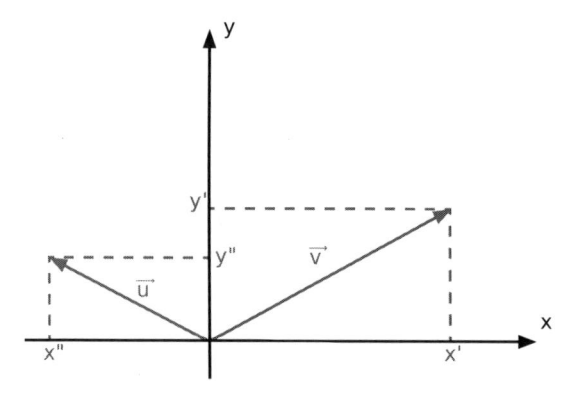

Exercício resolvido

Um vetor $\vec{F}$ tem módulo de 10 N e está orientado a 60° em relação ao eixo x. Determine as componentes em x e y desse vetor.

Solução:
Usamos as relações trigonométricas, observando os dados da questão, ou seja:

$$Fx = |\vec{F}| \cdot \cos\theta = 10\text{ N} \cdot \cos 60° = 5\text{ N}$$

$Fy = |\vec{F}| \cdot \text{sen } \theta = 10 \text{ N} \cdot \text{sen } 60° = 8,66 \text{ N}$

Os vetores não precisam necessariamente se encontrar na origem, podendo ser definidos entre dois pontos no plano cartesiano, onde é definido o caminho, a orientação. De forma exemplificativa, observe a figura a seguir.

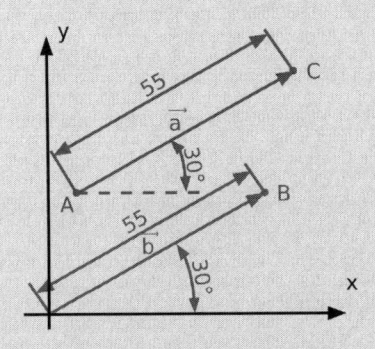

Dessa forma, notamos que os vetores *a* e *b* representados na figura, mesmo estando definidos em pontos diferentes do plano, têm a mesma orientação e a mesma intensidade. Assim, concluímos que os vetores são iguais.

1.2 Operações com vetores

Na área do eletromagnetismo, muitas análises são feitas com base em entes vetoriais. O feito da criação da análise vetorial é atribuído ao físico norte-americano Josiah Willard Gibbs (1839-1903), e hoje esta se constitui em uma das principais ferramentas de análise de sistemas físicos, sobretudo em casos que envolvem os campos elétrico e magnético (Feynman; Leighton; Sands, 2008).

Nesta seção, você vai conhecer a álgebra vetorial necessária para embasar problemas relacionados à interação entre vetores ou mesmo interações entre vetores e uma grandeza não vetorial, como é o caso do produto entre um vetor e um escalar (Edminister; Nahvi-Dekhordi, 2013).

Ao estudarmos sistemas envolvendo conceitos de eletricidade e magnetismo, obtemos uma melhor compreensão nos cálculos ao utilizarmos a análise vetorial, tornando menos complexa a notação referente aos campos vetoriais elétrico e magnético (Young; Freedman; Ford, 2011).

Daqui em diante, faremos uma exposição completa da análise vetorial, proporcionando um conhecimento de grande utilidade para a compreensão dos conceitos do eletromagnetismo.

1.2.1 Componentes de um vetor e definição de um referencial cartesiano

No estudo da física, observamos a existência de diversas grandezas mensuradas a partir do conceito vetorial. Dessa forma, existe a subdivisão entre grandezas físicas escalares e grandezas vetoriais (Halliday; Resnick; Walker, 2014).

A definição de uma grandeza escalar é aquela que constitui uma quantidade determinada por uma única magnitude. Na física, exemplos de grandezas escalares são: massa, tempo, temperatura, momento angular e energia (Nussenzveig, 2015).

Por sua vez, um vetor consiste em uma quantidade que fica completamente caracterizada apenas quando se conhecem seu módulo, sua direção e seu sentido (Halliday; Resnick; Walker, 2014). Como exemplos de grandezas físicas vetoriais, podemos citar: deslocamento, velocidade, forças, campo elétrico, campo magnético e aceleração gravitacional.

Além disso, para que uma grandeza vetorial seja completamente especificada, isso precisa ser feito a partir de um referencial, sem o qual sua direção e seu sentido não poderiam ser identificados (Nussenzveig, 2015). Define-se um vetor como um segmento de reta orientado, de tamanho, direção e sentido especificados, podendo ter sua projeção no espaço bidimensional ou tridimensional.

A seguir, a Figura 1.2 ilustra três vetores, sendo que todos eles exibem uma origem (A, A' e A") e uma extremidade (B, B' e B"), respectivamente. De acordo com o referencial escolhido, os três vetores estão orientados na mesma direção (são paralelos entre si), no mesmo sentido (estão alinhados em relação às suas origens e extremidades) e, visualmente, apresentam a mesma magnitude (Halliday; Resnick; Walker, 2014). Mais adiante, examinaremos a forma de calcular matematicamente o tamanho de um vetor.

Figura 1.2 – Exemplo de três vetores alinhados, em relação a um referencial, exibindo as respectivas origens (A, A' e A") e extremidades (B, B' e B")

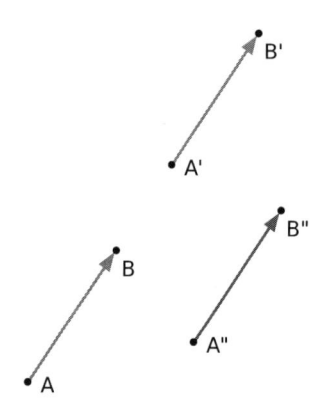

Fonte: Halliday; Resnick; Walker, 2014, p. 16.

Para efeito de determinação da direção e do sentido de um ente vetorial, será definido aqui o sistema coordenado de referências cartesiano tridimensional (Nussenzveig, 2015). Esse sistema é representado por três variáveis (x, y e z) e tem um ponto definido como a origem do referencial, no qual (x = 0, y = 0 e z = 0), o que também pode ser representado por (0, 0, 0) (Halliday; Resnick; Walker, 2014).
A Figura 1.3 ilustra um referencial coordenado cartesiano tridimensional.

Figura 1.3 – Referencial cartesiano coordenado tridimensional, contendo os eixos de referência X, Y e Z

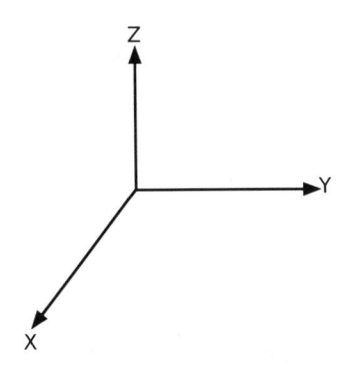

Fonte: Grau; Bosch; Talaya, 2012.

Qualquer vetor que seja definido com base no referencial cartesiano é expresso mediante os chamados *vetores unitários* (Tipler; Mosca, 2009). Um vetor unitário, também denominado *versor* e, ainda, categorizado como vetor de valor absoluto igual a 1, é identificado por uma letra minúscula do alfabeto com um acento circunflexo (Halliday; Resnick; Walker, 2014). A equação a seguir exibe o versor â, na direção de um vetor e dividido pelo módulo desse mesmo vetor $\vec{A}$:

$$\hat{a} = \frac{\vec{A}}{\|\vec{A}\|}$$

Para representar o vetor $\vec{A}$ no referencial cartesiano tridimensional, são considerados os versores correspondentes de cada eixo do referencial (Young; Freedman; Ford, 2011), como mostrado na equação a seguir.

$$\vec{A} = A_x \times a_x + A_y \times a_y + A_z \times a_z$$

Os termos A_x, A_y e A_z são componentes escalares do vetor e os termos $\hat{a}_x$, $\hat{a}_y$ e $\hat{a}_z$ são os versores referentes aos eixos X, Y e Z do referencial (Young; Freedman; Ford, 2011), respectivamente. Ressaltamos que os versores característicos do referencial coordenado cartesiano tridimensional são $\hat{i}$, $\hat{j}$ e $\check{k}$, correspondentes aos eixos X, Y e Z (Halliday; Resnick; Walker, 2014), respectivamente.

Já a magnitude de um vetor pode ser calculada por meio da raiz quadrada da soma dos quadrados das componentes A_x, A_y e A_z, como expresso na equação a seguir, devendo-se observar que essa informação corresponde a um valor escalar, e não a um vetor.

$$\|\vec{A}\| = \sqrt{A_x^2 + A_y^2 + A_z^2}$$

Neste capítulo, você vai estudar a representação de vetores no plano, com seus componentes. Você também vai compreender as operações envolvendo vetores, verificando seus principais métodos de determinação e suas aplicações, e, por fim, vai aprender sobre comprimentos e ângulos entre vetores.

1.2.2 Adição e subtração

Considerando-se dois vetores, uma adição (soma) ou subtração vetorial é definida como um vetor cujas componentes serão as somas das componentes dos respectivos vetores que originaram a soma (Halliday; Resnick; Walker, 2014), como é mostrado na equação a seguir.

$$\vec{C} = \vec{A} \pm \vec{B}$$

Sendo os vetores A e B definidos no referencial cartesiano tridimensional, temos que:

$$\vec{A} = A_x \times a_x + A_y \times a_y + A_z \times a_z$$

$$\vec{B} = B_x \times b_x + B_y \times b_y + B_z \times b_z$$

Então, podemos escrever $\vec{C}$ como:

$$\vec{C} = \vec{A} = A_x \times a_x + A_y \times a_y + A_z \times a_z \pm$$

$$\vec{B} = B_x \times b_x + B_y \times b_y + B_z \times b_z$$

Na equação, devemos apenas somar os termos correspondentes a cada eixo de referência. Nos casos de adição e subtração, as propriedades associativas, comutativas e distributivas são válidas (Young; Freedman; Ford, 2011).

Geometricamente, uma soma (ou subtração) entre dois vetores pode se dar conforme ilustrado na Figura 1.4, com $\vec{s} = \vec{a} + \vec{b}$ no caso de soma (Figura 1.4a) e $\vec{s} = \vec{a} - \vec{b}$ no caso de subtração (Figura 1.4b).

Figura 1.4 – Representação de cálculos vetoriais entre os vetores $\vec{a}$ e $\vec{b}$: adição (a) e subtração (b)

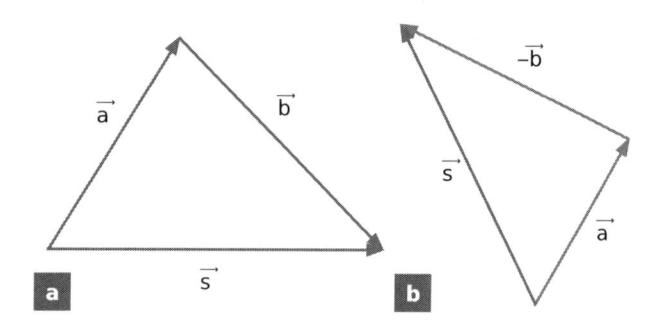

Fonte: Halliday; Resnick; Walker, 2014, p. 28.

Assim, cada componente do vetor *c* é igual à soma das componentes, no mesmo eixo, de *a* e *b*. Em outras palavras, dois vetores serão iguais se as componentes correspondentes forem iguais (Halliday; Resnick; Walker, 2016).

1.2.3 Vetor unitário

Já vimos nas equações apresentadas anteriormente a decomposição de um vetor em suas componentes ortogonais. Agora, vamos trabalhar com um vetor de módulo unitário, que aponta em uma determinada direção e não apresenta dimensão nem unidade (Halliday; Resnick; Walker, 2016).

Esse vetor tem como função especificar uma orientação. Os vetores unitários servem para indicar a direção positiva dos eixos x, y e z, sendo representados, respectivamente, como $\hat{i}$, $\hat{j}$, $\hat{k}$.

Nesse caso, o símbolo (^) é utilizado no lugar da seta para, assim, mostrar que se trata de um vetor unitário.
Na Figura 1.1, são retratados dois vetores (u e v); podemos utilizar os vetores unitários para descrever as componentes desses vetores.

$$\vec{u} = |\vec{u}| \cdot \cos\theta 1 \hat{i} + |\vec{u}| \cdot \sin\theta 1 \hat{j}$$

$$\vec{v} = |\vec{v}| \cdot \cos\theta 2 \hat{i} + |\vec{v}| \cdot \sin\theta 2 \hat{j}$$

Sendo θ1 e θ2 os respectivos ângulos dos vetores u e v.

Exercício resolvido

Um vetor $\vec{A}$ tem módulo de 100 N, está orientado a 30° em relação ao eixo x e é somado a um vetor $\vec{B}$ de módulo 80 N, orientado a 150° em relação ao eixo x. Determine o módulo e a orientação do vetor $\vec{C}$, sabendo que $\vec{C} = \vec{A} + \vec{B}$.

Solução:
Usamos as relações trigonométricas, conforme as equações apresentadas anteriormente, para definir as componentes dos dois vetores:

$$A_x = |\vec{A}| \cdot \cos\theta = 100N \cdot \cos 30° = 86,60 \hat{i} N$$

$$A_y = |\vec{A}| \cdot \sin\theta = 100N \cdot \sin 30° = 50,00 \hat{j} N$$

$$B_x = |\vec{B}| \cdot \cos\theta = 80N \cdot \cos 150° = 69,28 \hat{i} N$$

$$B_y = |\vec{B}| \cdot \text{sen}\,\theta = 80N \cdot \text{sen}\,150° = 40,00\,\hat{j}N$$

$$C_x = A_x + B_x = 86,60\,\hat{i} + (-69,28)\,\hat{i} = 17,32\,\hat{i}N$$

$$C_y = A_y + B_y = 50,00\,\hat{j} + 40,00\,\hat{j} = 90,00\,\hat{j}N$$

$$|\vec{C}| = \sqrt{17,32^2 + 90,00^2} = 91,65$$

$$\theta = \tan^{-1}\left(\frac{C_y}{C_x}\right) = \tan^{-1}\frac{90,00}{17,32} = 79,11°$$

1.2.4 Multiplicação: produto de um vetor por um escalar

Aqui, a operação em questão é uma multiplicação e, no que se refere a operações com vetores, trata-se do caso mais simples. Ao multiplicarmos um vetor por um escalar, teremos como resultado um vetor de mesma direção. Seu sentido será o mesmo se o escalar for positivo e será oposto ao do vetor original se o escalar for negativo, enquanto sua magnitude pode ser aumentada ou diminuída (Young; Freedman; Ford, 2011). Matematicamente, o referido produto pode ser expresso pela seguinte equação:

$$\vec{B} = c\vec{A} = c\vec{A}_x + c\vec{A}_y + c\vec{A}_z$$

De acordo com a equação, após o produto do vetor $\vec{A}$ por um escalar c, o resultado será um vetor diferente de $\vec{A}$, o vetor $\vec{B}$, pois, mesmo que a direção e o sentido do vetor $\vec{C} = \vec{A} \pm \vec{B}$ não tenham sofrido alterações, o módulo desse vetor mudou, o que configura um novo vetor (Halliday; Resnick; Walker, 2014). A Figura 1.5 ilustra o produto do vetor $\vec{A} = A_x \times a_x + A_y \times a_y + A_z \times a_z$ por um escalar negativo (–2) e positivo (3).

Figura 1.5 – Multiplicação de vetores: produto do vetor

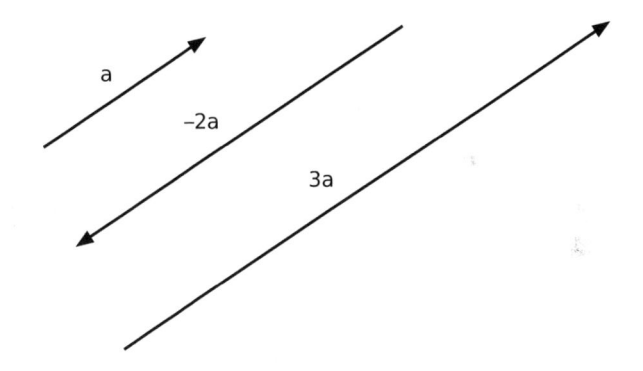

Na Figura 1.5, temos o produto de um vetor por escalares (–2) e (3), mostrando-se em ambos os casos uma variação na magnitude do vetor $\vec{a}$. No caso da multiplicação por –2, também se verifica a mudança de sentido do vetor.

Exercício resolvido

Um vetor $\vec{A}$ tem módulo de 100 e está orientado a 30° em relação ao eixo x e o produto escalar $\vec{A} \cdot \vec{B} = 3500$. Sabe-se que o vetor $\vec{B}$ tem módulo de 70. Determine a orientação de $\vec{B}$. Como o produto escalar pode ser calculado?

Solução:

$$\vec{A} \cdot \vec{B} = |\vec{A}| \cdot |\vec{B}| \cdot \cos\theta$$

Com isso, conseguimos encontrar o ângulo entre os dois vetores:

$$\vec{A} \cdot \vec{B} = 3500 = 100 \cdot 70 \cdot \cos\theta$$

Isolando $\cos\theta$, temos:

$$\cos\theta = \frac{3500}{100 \cdot 70} = 0,5$$

Encontrando θ, obtemos:

$$\theta = \cos^{-1} 0,5 = 60°$$

Depois de vermos a definição de vetor e suas características, bem como seus mecanismos de soma, subtração e multiplicação, nos próximos tópicos trataremos dos produtos escalar e vetorial e também das definições de referenciais em coordenadas esféricas e cilíndricas.

1.2.5 Produtos entre dois vetores: produto escalar e produto vetorial

Na seção anterior, você viu como se faz a representação de um produto entre um escalar e um vetor. Além desse, existem outros dois produtos vetoriais de grande relevância: o produto escalar e o produto vetorial. Na área da física, esse desenvolvimento matemático é muito importante, pois define muitos conceitos físicos e suas aplicações.

Produto escalar entre vetores

Embora o nome da operação seja *produto escalar*, trata-se de um produto entre vetores que provém da natureza escalar do produto (Tipler; Mosca, 2009). Por definição e geometricamente, o produto escalar constitui o produto dos módulos dos vetores originais multiplicado pelo cosseno do ângulo entre esses dois vetores (Young; Freedman; Ford, 2011).

A Figura 1.6 ilustra um produto escalar entre os vetores $\vec{a}$ e $\vec{b}$, sendo φ o ângulo formado entre os dois referidos vetores.

Figura 1.6 – Produto escalar entre os vetores $\vec{a}$ e $\vec{b}$, representados pelo produto entre os módulos desses vetores e o cosseno do ângulo φ formado entre eles

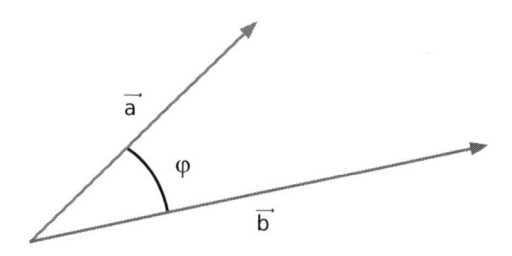

Fonte: Halliday; Resnick; Walker, 2014, p. 31.

Matematicamente, o produto escalar entre os vetores $\vec{A} = A_x \times a_x + A_y \times a_y + A_z \times a_z$ e $\vec{b}$ é representado conforme a equação a seguir:

$$\vec{a} \cdot \vec{b} = \vec{a} \cdot \vec{b} \cos \Phi$$

Como já foi mencionado, o resultado desse produto escalar resulta em um número puro, e não em um vetor. O produto escalar é comutativo, não importando a ordem do produto entre os vetores $\vec{a}$ e $\vec{b}$ (Nussenzveig, 2015). Outra forma de representar esse produto escalar seria com base na equação a seguir, a qual ilustra um produto entre os termos escalares do produto escalar e os respectivos produtos entre os versores, resultando em zero ou um.

$$\vec{a} = a_x \hat{a}_x + a_y \hat{a}_y + a_z \hat{a}_z$$

Já o vetor $\vec{B} = B_x \hat{b}_x + B_y \hat{b}_y + B_z \hat{b}_z$ é dado por:

Então:

$$\vec{b} = b_x \hat{b}_x + b_y \hat{b}_y + b_z \hat{b}_z$$

$$\vec{a} \cdot \vec{b} = a_x \cdot b_x \left(\hat{a}_x \cdot \hat{b}_x \right) + a_y \cdot b_y \left(\hat{a}_y \cdot \hat{b}_y \right) + a_z \cdot b_z \left(\hat{a}_z \cdot \hat{b}_z \right)$$

Com base nos resultados apresentados na Tabela 1.1, a seguir, todos os produtos escalares entre os versores que aparecem na equação acima correspondem ao valor 1.

Tabela 1.1 – Produtos escalares entre os versores $\hat{a}$ e $\hat{b}$

$\hat{a}_x \cdot \hat{b}_x = 1$	$\hat{a}_y \cdot \hat{b}_x = 0$	$\hat{a}_z \cdot \hat{b}_x = 0$
$\hat{a}_x \cdot \hat{b}_y = 0$	$\hat{a}_y \cdot \hat{b}_y = 1$	$\hat{a}_z \cdot \hat{b}_y = 0$
$\hat{a}_x \cdot \hat{b}_z = 0$	$\hat{a}_y \cdot \hat{b}_z = 0$	$\hat{a}_z \cdot \hat{b}_z = 1$

Fonte: Halliday; Resnick; Walker, 2014.

Isso faz com que a equação do produto escalar possa ser reescrita na forma:

$$\vec{a} \cdot \vec{b} = a_x \cdot b_x + a_y \cdot b_y + a_z \cdot b_z$$

Dessa forma, a equação ilustra o produto escalar entre os vetores $\vec{a}$ e $\vec{b}$, resultando em uma informação escalar.

Exercício resolvido

Um vetor $\vec{A}$ tem módulo de 100 N e está orientado a 30° em relação ao eixo x. É realizada uma multiplicação desse vetor pelo escalar −10. Determine as componentes dessa operação.

Solução:
Multiplicamos o módulo de $\vec{A}$ por −10:

$$\vec{A} \cdot (-10) = 100 \text{ N} \cdot (-10) = -1\,000 \text{ N}$$

$$A_x = |\vec{A}| \cdot \cos\theta = -1\,000 \text{ N} \cdot \cos 30° = -866,03 \text{ î N}$$

$$A_y = |\vec{A}| \cdot \text{sen}\,\theta = -1\,000 \text{ N} \cdot \text{sen}\,30° = -500,00 \text{ ĵ N}$$

Produto vetorial entre vetores

O resultado do produto vetorial entre dois vetores é definido como um vetor, daí seu nome *produto vetorial* (Figura 1.7) (Young; Freedman; Ford, 2011). Esse produto também é conhecido como *produto cruzado* ou *produto externo* (Feynman; Leighton; Sands, 2008).

Observe a figura a seguir para melhor compreensão.

Figura 1.7 – Produto vetorial entre os vetores $\vec{a}$ e $\vec{b}$, cujo resultado é o vetor $\vec{c}$ e o ângulo α

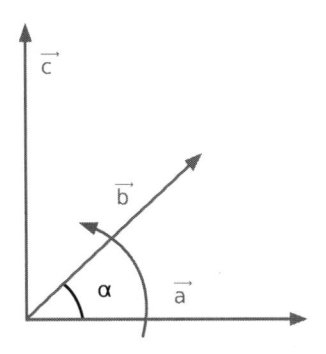

A próxima equação mostra como o produto vetorial entre os vetores $\vec{a}$ e $\vec{b}$ é expresso matematicamente, sendo que deve estar representado no referencial de coordenadas cartesianas.

$$\vec{c} = \vec{a} \times \vec{b} = \left(a_x \hat{i} + a_y \hat{j} + a_z \hat{k}\right) \times \left(b_x \hat{i} + b_y \hat{j} + b_z \hat{k}\right) = \vec{a} \cdot \vec{b} \operatorname{sen} \alpha$$

Na Figura 1.7, podemos verificar a representação de um produto vetorial, sendo α o ângulo formado entre os dois vetores $\vec{a}$ e $\vec{b}$. Um produto vetorial não é comutativo, o que implica a relação mostrada na equação a seguir, na qual mudar a ordem do produto resulta em um produto diferente.

$$\vec{a} \times \vec{b} \neq \vec{b} \times \vec{a}$$

O desenvolvimento do produto vetorial é dado conforme as informações mostradas na Tabela 1.2, sendo que qualquer produto vetorial de um versor por ele mesmo resulta em zero, enquanto os demais podem ser 1 positivo ou 1 negativo, uma vez que o produto vetorial não exibe a comutatividade (Feynman; Leighton; Sands, 2008).

Tabela 1.2 – Produtos vetoriais entre os versores $\hat{a}$ e $\hat{b}$

$\hat{i} \times \hat{i} = 0$	$\hat{j} \times \hat{i} = -1$	$\hat{k} \times \hat{i} = 1$
$\hat{i} \times \hat{j} = 1$	$\hat{j} \times \hat{j} = 0$	$\hat{k} \times \hat{j} = -1$
$\hat{i} \times \hat{k} = -1$	$\hat{j} \times \hat{k} = 1$	$\hat{k} \times \hat{k} = 0$

Fonte: Halliday; Resnick; Walker, 2014.

Ao se realizar um produto vetorial, sua representação deve ser dada conforme expresso na relação a seguir:

$$\vec{c} = \vec{a} \times \vec{b} = \begin{bmatrix} \hat{i} & \hat{j} & \hat{k} \\ a_x & a_y & a_z \\ b_x & b_y & b_z \end{bmatrix}$$

Essa forma de representação pelo determinante indica os termos do produto vetorial (Halliday; Resnick; Walker, 2014) e, na sequência, as informações dadas na Tabela 1.2 devem ser utilizadas para que se chegue ao resultado do produto entre os vetores $\vec{a}$ e $\vec{b}$:

$$\vec{c} = \vec{a} \times \vec{b} = \left(a_y b_z\right)\hat{i} + \left(a_z b_x\right)\hat{j} + \left(a_x b_y\right)\hat{k} - \left(a_y b_x\right)\hat{k} - \left(a_z b_y\right)\hat{i} - \left(a_x b_z\right)\hat{j}$$

Essa equação diz respeito ao produto dos termos do determinante a partir de suas diagonais (de cima para baixo menos o negativo de baixo para cima) (Halliday; Resnick; Walker, 2014). Na sequência, apenas os termos que se encontram nos mesmos eixos do referencial podem ser somados, obtendo-se a equação a seguir:

$$\vec{c} = \vec{a} \times \vec{b} =$$
$$= \left[(a_y b_z) - (a_z b_y)\right]\hat{i} + \left[(a_z b_x) - (a_x b_z)\right]\hat{j} + \left[(a_x b_y)\hat{k} - (a_y b_x)\right]\hat{k}$$

O resultado mostrado na equação acima constitui o produto vetorial entre os vetores $\vec{a} \times \vec{b}$, resultando no vetor $\vec{c}$, com as direções correspondentes àquelas do referencial cartesiano tridimensional e os sentidos podendo corresponder aos positivos e negativos dos eixos do referencial (Young; Freedman; Ford, 2011).

Nesta seção, você viu as diferenças entre os produtos escalar e vetorial, sendo que o primeiro resulta em um escalar e o segundo resulta em um vetor. Na visão geométrica, o produto escalar corresponde ao produto entre os módulos dos vetores e a função cosseno do ângulo formado entre os vetores.

Exercício resolvido

Do ponto de vista da álgebra, o produto escalar se dá pela multiplicação de dois componentes vetoriais, seguida da soma de seus produtos resultantes. Geometricamente, verifica-se uma relação entre os dois vetores envolvidos, multiplicando-se os respectivos módulos pelo cosseno do ângulo formado entre esses vetores. Dada uma relação entre dois vetores $\vec{a}$ e $\vec{b}$ de modo que se estabeleça um produto escalar (figura a seguir), encontre as normas dos vetores $\vec{a}$ e $\vec{b}$ sabendo que: $\vec{a} = 6,0\hat{i} - 8,0\hat{j}$ e $\vec{b} = -4,0\hat{i} + 6,0\hat{k}$

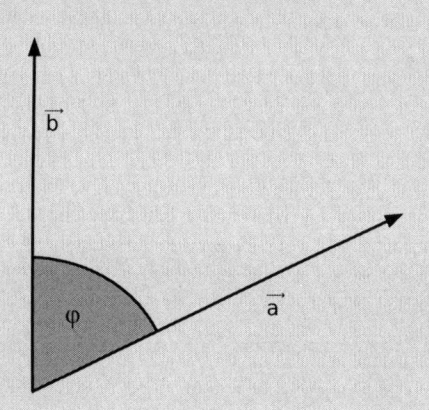

Solução:

$$\vec{a} \cdot \vec{b} = \vec{a} \cdot \vec{b} \cos \Phi$$

Assim, calculamos as normas dos vetores $\vec{a}$ e $\vec{b}$:

$$\|\vec{a}\| = \sqrt{(6,0)^2 + (-8,0)^2} = 10,0$$

$$\|\vec{b}\| = \sqrt{(-4,0)^2 + (6,0)^2} = 7,21$$

1.3 Notação vetorial: sistemas de coordenadas

Na física, existem muitos problemas de simetria que podem ter sua solução simplificada, caso seja possível fazer uma conversão no sistema de coordenadas

(Young; Freedman; Ford, 2011). Nesse contexto, sistemas que se apresentam em coordenadas cartesianas podem ser convertidos em coordenadas cilíndricas ou esféricas, caso isso permita sua solução de forma menos complexa (Young; Freedman; Ford, 2011). No caso de questões do eletromagnetismo, os três sistemas de coordenadas mais utilizados são: cartesiano, cilíndrico e esférico.

1.3.1 Sistema de coordenadas cilíndricas

A Figura 1.8 ilustra uma forma de representação em coordenadas cilíndricas. Escolhemos um ponto P a ser descrito nesse sistema, cujas coordenadas serão (r, φ, z) (Feynman; Leighton; Sands, 2008).

Figura 1.8 – Comportamento de um ponto P descrito no sistema de coordenadas cilíndricas

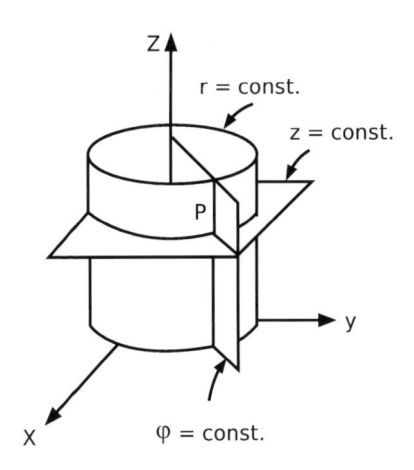

Fonte: Edminister; Nahvi-Dekhordi, 2013, p. 32.

Aqui, no sistema de coordenadas cilíndricas, o parâmetro r medirá a distância até o eixo z, tomada no plano normal a este (Feynman; Leighton; Sands, 2008).

Conforme podemos ver na Figura 1.8, o parâmetro r poderá variar de 0 até r. Essa configuração mostra que a figura formada será um cilindro circular reto. O termo φ também poderá variar. Trata-se do do semiplano infinito, com bordas ao longo do eixo z, podendo variar de 0 até o ângulo máximo de 2π (Nussenzveig, 2015).

Por fim, o termo z poderá estar limitado pelo plano xy e variar de 0 até o infinito ou, ainda, variar de menos infinito até mais infinito. As conversões entre coordenadas geralmente se dão de coordenadas cartesianas para coordenadas cilíndricas ou esféricas, ou ainda, ao contrário, de coordenadas cilíndricas ou esféricas para cartesianas (Nussenzveig, 2015).

As equações que já foram vistas foram incluídas no Tabela 1.3 e mostram como serão as relações entre coordenadas cartesianas (x, y, z) e coordenadas cilíndricas (r, φ, z).

Tabela 1.3 – Relações entre coordenadas cartesianas e cilíndricas

Parâmetro r	Parâmetro φ	Parâmetro z
$r^2 = x^2 + y^2$	$\varphi = \tan^{-1}\left(\frac{y}{x}\right)$	$z = z$

Já as demais equações são incluídas na Tabela 1.4 e mostram como serão as relações entre coordenadas cilíndricas (r, φ, z) e coordenadas cartesianas (x, y, z).

Tabela 1.4 – Relações entre coordenadas cilíndricas e cartesianas

Parâmetro x	Parâmetro y	Parâmetro z
$x = r \cdot \cos(\varphi)$	$y = r \cdot \text{sen}(\varphi)$	$z = z$

1.3.2 Sistema de coordenadas esféricas

O sistema de coordenadas esféricas permite a localização de um ponto qualquer em um espaço de formato esférico, com base em três valores (Halliday; Resnick; Walker, 2014). A Figura 1.9 ilustra uma forma de representação em coordenadas esféricas. Escolhemos um ponto P a ser descrito nesse sistema, cujas coordenadas serão (r, θ, φ). Como já foi mencionado, o ângulo φ também se faz presente no sistema de coordenadas esféricas.

Figura 1.9 – Comportamento de um ponto P no sistema de coordenadas esféricas

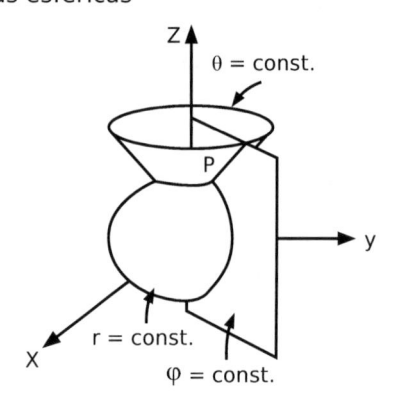

Fonte: Edminister; Nahvi-Dekhordi, 2013, p. 36.

No sistema de coordenadas esféricas, o parâmetro φ, se tomarmos o ponto P, será constante, mas terá variação de 0 até 2π. O parâmetro r medirá a distância até o eixo z, tomada no plano normal a este (Halliday; Resnick; Walker, 2014).

Conforme podemos ver na Figura 1.9, o parâmetro r poderá variar de 0 até r. Essa configuração mostra que a figura formada será uma esfera. Por fim, o parâmetro θ, embora se apresente constante na Figura 1.9, terá sua variação em função do eixo z, indo de 0 até, no máximo, o dobro do diâmetro da esfera formada.

As conversões entre coordenadas geralmente se dão de coordenadas cartesianas para coordenadas esféricas, ou ainda, ao contrário, de coordenadas esféricas para cartesianas (Halliday; Resnick; Walker,

2014). As equações citadas anteriormente, incluídas na Tabela 1.5, mostram como serão as relações entre coordenadas cartesianas (x, y, z) e coordenadas esféricas (r, θ, φ).

Tabela 1.5 – Relações entre coordenadas esféricas e cartesianas

Parâmetro x	Parâmetro y	Parâmetro z
$x = r \cdot \cos(\theta) \cdot \operatorname{sen}(\varphi)$	$y = r \cdot \operatorname{sen}(\theta) \cdot \operatorname{sen}(\varphi)$	$z = r \cdot \cos(\varphi)$

Geralmente, esses três parâmetros variam da seguinte forma: r varia de 0 até o infinito, θ varia de 0 até 2π e φ varia de 0 até π (Tipler; Mosca, 2009). Neste tópico, abordamos as características dos sistemas de coordenadas cilíndricas e esféricas, mostrando como e quando utilizar tais coordenadas aplicadas a situações que envolvam sistemas de formato cilíndrico e esférico.

Em geral, detalhamos formas de se trabalhar com a notação vetorial, quando estão envolvidos sistemas com grandezas escalares e vetoriais ao mesmo tempo. Em se tratando de uma grandeza vetorial, você viu que esta pode se relacionar com um escalar ou com outro vetor, com base em produtos por escalares, produtos escalares e produtos vetoriais.

Você também viu que, além das coordenadas cartesianas, existem as coordenadas cilíndricas e esféricas, sendo a primeira aplicada a sistemas de formato cilíndrico e a última a sistemas de formato esférico. Com base nesses conceitos, muitas aplicações são possíveis, sobretudo na área do eletromagnetismo.

1.4 Produto misto

O produto misto é uma combinação entre o produto escalar de um produto vetorial feito anteriormente entre dois vetores (Santos; Ferreira, 2009). Dados três vetores u (x_1, y_1, z_1), v (x_2, y_2, z_2) e w (x_3, y_3, z_3), o produto misto é definido por:

$$u \cdot (v \times w) = \begin{bmatrix} x_1 & y_1 & z_1 \\ x_2 & y_2 & z_2 \\ x_3 & y_3 & z_3 \end{bmatrix}$$

A solução do determinante também pode ser expressa por:

$$u \cdot (v \times w) = x_1 \begin{vmatrix} y_2 & z_2 \\ y_3 & z_3 \end{vmatrix} - y_1 \begin{vmatrix} x_2 & z_2 \\ x_3 & z_3 \end{vmatrix} + z_1 \begin{vmatrix} x_2 & y_2 \\ x_3 & y_3 \end{vmatrix}$$

Para quaisquer vetores u, v, w e x e o escalar α, as propriedades do produto misto são as seguintes (Winterle, 2014):

1. O resultado do produto muda de sinal caso altere a posição entre dois vetores. Por exemplo:
   $u \cdot (v \times w) = -u \cdot (w \times v)$
2. $(u + x) \cdot (v \times w) = u \cdot (v \times w) + x \cdot (v \times w)$
3. $\alpha u \cdot (v \times w) = u \cdot (\alpha v \times w) + u \cdot (v \times \alpha w)$
4. $u \cdot (v \times w) = 0$, se e somente se os três vetores forem coplanares.

Exercício resolvido

Qual é o valor de X para que os vetores $u\,(2, X, 0)$, $v\,(1, -1, 2)$ e $w\,(-1, 3, -1)$ sejam coplanares?

Solução:

$$u \cdot (v \times w) = \begin{bmatrix} 2 & X & 0 \\ 1 & -1 & 2 \\ -1 & 3 & 1 \end{bmatrix} =$$

$$= 2 \cdot (-1) \cdot (-1) + X \cdot 2 \cdot (-1) + 0 \cdot 1 \cdot 3 - (-1) \cdot (-1) \cdot 0 - 3 \cdot 2 \cdot 2 - (-1) \cdot 1 \cdot X$$

Para que os vetores sejam coplanares, o produto misto entre os três vetores deve ser igual a zero:

$$u \cdot (v \times w) = \begin{bmatrix} 2 & X & 0 \\ 1 & -1 & 2 \\ -1 & 3 & 1 \end{bmatrix} = 0$$

$$2 - 2X - 12 + X = 0$$

$$X = -10$$

1.5 Duplo produto vetorial

O duplo produto vetorial é uma operação entre vetores não muito vista ou mesmo utilizada em aplicações mais práticas. No entanto, é importante conhecer o procedimento de cálculo. Dados três vetores u (x_1, y_1, z_1), v (x_2, y_2, z_2) e w (x_3, y_3, z_3), o duplo produto vetorial é definido por:

$$u \times (v \times w)$$

A solução do duplo produto vetorial pode ser com a aplicação sucessiva de um produto vetorial entre v e w, como visto anteriormente. Com o resultado, aplica-se um novo produto vetorial de u em relação a $v \times w$. Outra alternativa é por meio da relação:

$$u \times (v \times w) = (u \times w)v - (u \times v)w$$

Em que se substituem as operações de produto vetorial por dois produtos escalares e, em seguida, multiplica-se o escalar simples pelos vetores indicados. A seguir, apresentaremos um exemplo dos dois procedimentos de cálculo.

Exercício resolvido

Dados os vetores u (1, 2, 1), v (0, 1, 1) e w (2, 3, 4), qual é o duplo produto vetorial $u \times (v \times w)$?

Solução:

1ª solução (por meio do cálculo sucessivo de produtos vetoriais):

Primeiramente, calculamos o produto vetorial interno $v \times w$:

$$(v \times w) = \begin{bmatrix} i & j & k \\ 0 & 1 & 1 \\ 2 & 3 & 4 \end{bmatrix} = i \cdot 1 \cdot 4 + j \cdot 1 \cdot 2 + k \cdot 0 \cdot 3 - 2 \cdot 1 \cdot k - 3 \cdot 1 \cdot i - 4 \cdot 0 \cdot j$$

$$= 1i + 2j - 2k = (1, 2, -2)$$

Em seguida, calculamos novamente o produto vetorial do resultado com u:

$$u \cdot (v \times w) = \begin{bmatrix} i & j & k \\ 1 & 2 & 1 \\ 1 & 2 & -2 \end{bmatrix} =$$

$$= i \cdot 2 \cdot (-2) + j \cdot 1 \cdot 1 + k \cdot 1 \cdot 2 - 2 \cdot 1 \cdot i - (-2) \cdot 1 \cdot j$$

$$u \cdot (v \times w) = -6i + 3j - 0k = (-6, 3, 0)$$

2ª solução (por meio da relação de produtos escalares apresentada anteriormente):

u × (v × w) = (u · w) v − (u · v) w (u · w) =

(1, 2, 1) · (2, 3, 4) = 1 · 2 + 2 · 3 + 1 · 4 =

= 12 (u · v) = (1, 2, 1) · (0, 1, 1) = 1 · 0 + 2 · 1 + 1 · 1 = 3

Multiplicando os valores dos produtos escalares pelos vetores v e w, temos:

(u × w) v − (u · w) w = 12 (0, 1, 1) − 3 (2, 3, 4) (12 · 0 − 3 · 2) i +

+ (12 · 1 − 3 · 3) j + (12 · 1 − 3 · 4)

Realizando a soma final, obtemos:

u × (v × w) = (−6, 3, 0)

Ao realizar os cálculos dos produtos vetoriais, é necessário ter atenção no momento de colocar os vetores dentro das matrizes, pois, caso alguns dos vetores sejam posicionados de forma invertida, os valores dos produtos vetoriais serão de sinal oposto ao desejado. Caso apenas um componente esteja mal posicionado, o resultado será inteiramente errado. Tenha muita atenção ao montar as matrizes de produto vetorial e duplo produto vetorial.

1.5.1 Ângulo e ortogonalidade entre vetores

O uso do produto escalar pode nos dar informações de relações interessantes que os vetores possam apresentar, sendo uma delas o ângulo entre os vetores. Para encontrar o ângulo α entre dois vetores, basta seguir a relação (Santos; Ferreira, 2009):

$$u \cdot v = |u| \cdot |v| \cdot \cos(\theta)$$

Generalizando, podemos afirmar que, quando o produto escalar for maior do que zero, o ângulo estará dentro do intervalo de 0° a 90°; quando o produto escalar for negativo, o intervalo será entre 90° e 180°; e, quando o produto escalar tiver valor nulo, o ângulo será de 90°, o que caracteriza os chamados *vetores ortogonais* (Santos; Ferreira, 2009). A Figura 1.10 apresenta exemplos de ângulos entre vetores.

Figura 1.10 – Ângulo entre vetores

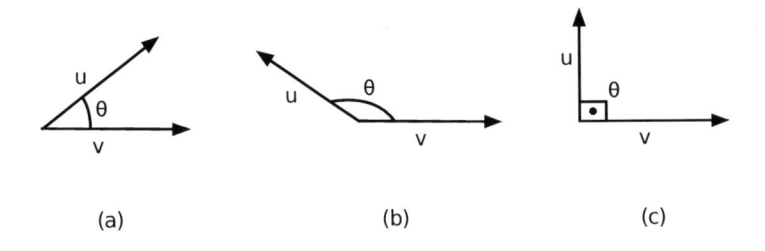

(a) (b) (c)

Fonte: Winterle, 2014, p. 32.

Exercício resolvido

Qual é o ângulo entre os vetores u (0, 2, 2) e v (1, 0, 1)?

$$u \cdot v = |u| \cdot |v| \cdot \cos(\theta)$$

$$\cos(\theta) = \frac{u \cdot v}{|u| \cdot |v|}$$

Solução:
Calculando os módulos, temos:

$$|u| = \sqrt{0^2 + 2^2 + 2^2} = \sqrt{8} = 2\sqrt{2}$$

$$|v| = \sqrt{1^2 + 0^2 + 1^2} = \sqrt{2}$$

Calculando o produto escalar, temos:

$$u \cdot v = (0 \cdot 1) + (2 \cdot 0) + (2 \cdot 1) = 2$$

O ângulo será então:

$$\cos(\alpha) = \frac{2}{2\sqrt{2} \cdot \sqrt{2}} = \frac{2}{4} = \frac{1}{2} = \arccos\left(\frac{1}{2}\right) = 60°$$

1.6 Aplicações dos produtos entre vetores

Mostramos anteriormente que o produto escalar consegue apresentar os valores dos ângulos entre vetores e, consequentemente, realizar a verificação de ortogonalidade entre vetores. A seguir, veremos que o produto vetorial e o produto misto também podem apresentar informações interessantes da geometria plana e espacial (Santos; Ferreira, 2009).

1.6.1 Área com produto escalar

O produto vetorial pode ser aplicado para determinação da área de paralelogramos, como podemos ver na Figura 1.11 (Santos; Ferreira, 2009). O módulo do produto vetorial dos vetores que representam as arestas do paralelogramo é numericamente igual à área do paralelogramo, ou seja:

$$|u \times v| = \text{área}$$

Figura 1.11 – Área de um paralelogramo

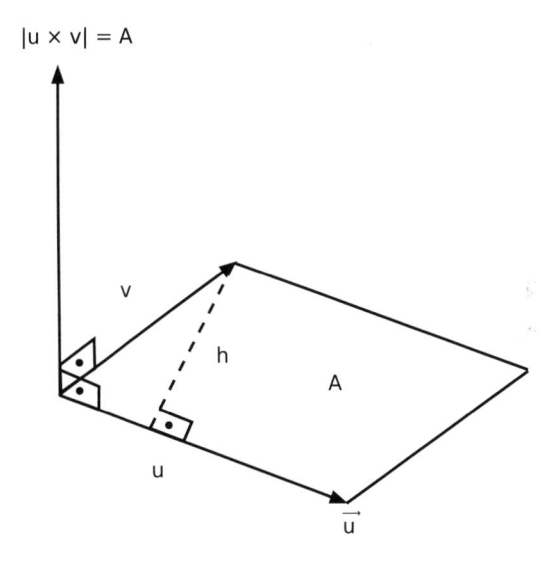

|u × v| = A

Fonte: Winterle, 2014, p. 28.

1.6.2 Volume com produto misto

O produto misto pode ser aplicado para determinação do volume de paralelepípedos, como podemos ver na Figura 1.12 (Santos; Ferreira, 2009). O módulo do produto misto formado pelos vetores que representam as arestas do paralelepípedo é um valor numericamente igual ao volume do paralelepípedo, ou seja:

$$\left| u \cdot (v \times w) \right| = \text{volume}$$

Figura 1.12 – Volume de um paralelepípedo

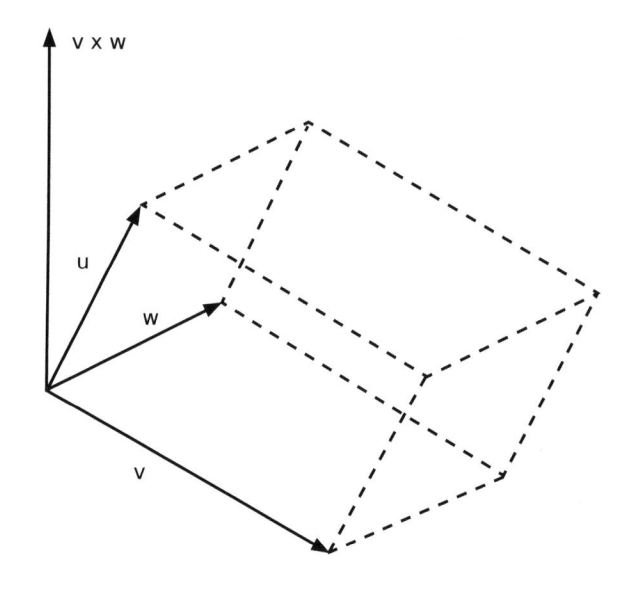

Fonte: Winterle, 2014, p. 31.

Caso esse volume seja dividido por 6, o valor será correspondente ao volume de um tetraedro, conforme apresentado na Figura 1.13.

Figura 1.13 – Volume de um tetraedro

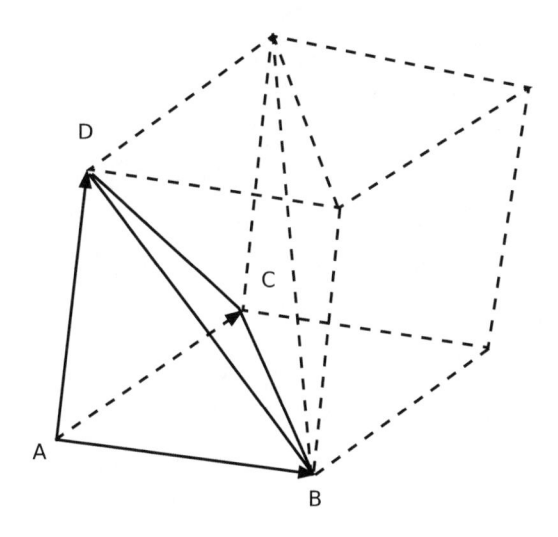

Fonte: Winterle, 2014, p. 33.

1.7 Subespaços vetoriais

Seja E um espaço vetorial. Um subespaço vetorial (ou apenas subespaço) de E é um subconjunto $F \subset E$ que ainda é um espaço vetorial em relação às operações de E. Isto é, F apresenta as seguintes propriedades:

- Se u, v ∈ F, então u + v ∈ F.
- Se u ∈ F, então, para todo $\alpha \in \mathbb{R}$, $\alpha u \in F$.

São considerados subespaços triviais de E o conjunto {0} que contém apenas o vetor nulo e o próprio E. Aproveitando os exemplos anteriores, podemos dar os seguintes subespaços não triviais.

O espaço vetorial definido pelas funções contínuas em I também nos dá um exemplo de subespaço.

Exercício resolvido

Usando-se a teoria do cálculo, sejam $I \subset \mathbb{R}$ um intervalo aberto, $C_0(I)$ o conjunto formado por todas as funções reais contínuas definidas em I e $C_1(I)$ o conjunto de todas as funções reais deriváveis em I. Dessa maneira:

- dado $u \in C_1(I)$, u é função derivável e, portanto, contínua (Anton; Bivens; Davis, 2014), logo $u \in C_1(I)$, o que implica que $C_1(I) \subset C_0(I)$;
- a soma de funções deriváveis é derivável, assim como a multiplicação por número real (Anton; Bivens; Davis, 2014), logo $C_1(I)$ é fechado em relação às operações de $C_0(I)$. Portanto, $C_1(I)$ é um subespaço de $C_0(I)$.

1.7.1 Subespeços gerados

Dado um conjunto de vetores $B = \{u_1, u_2, ..., u_n\}$ contido no espaço vetorial E, dizemos que $u \in E$ é combinação linear de $u_1, u_2, ..., u_n$, se existem $\alpha_1, \alpha_2, ..., \alpha_n \in \mathbb{R}$:

$$u = \alpha_1 u_1 + \alpha_2 u_2 + ... \alpha_n u_n$$

O conjunto de todas as combinações lineares dos vetores de B é dito gerado de B:

$$ger(B) = ger\{u_1, u_2, ..., u_n\} =$$

$$\{u; u \text{ "é combinação linear de" } u_1, u_2, ..., u_n\}$$

Esse conjunto é subespaço vetorial de E, pois:

1. $B \subset E$ implica que $u_i \in E$, para todo $i = 1, \ldots, n$ – como E é fechado, as combinações lineares de B pertencem a E, logo $\text{ger}(B) \subset E$;
2. escolhendo $\alpha_1 = \alpha_2 = \ldots = \alpha_n = 0$, temos $u = 0 \in \text{ger}(B)$;
3. dados $u, v \in \text{ger}(B)$, existem coeficientes $\alpha_1, \alpha_2, \ldots, \alpha_n$, $\beta_1, \beta_2, \ldots, \beta_n \in \mathbb{R}$, tal que:

$$u = \alpha_1 u_1 + \alpha_2 u_2 + \ldots + \alpha_n u_n;$$
$$v = \beta_1 u_1 + \beta_2 u_2 + \ldots + \beta_n u_n$$

Dessa maneira, os vetores $u + v$ e αu também são combinações lineares de B, pois, para todo $\alpha \in \mathbb{R}$:

$$u + v = (\alpha_1 + \beta_1)u_1 + (\alpha_2 + \beta_2)u_2 + \ldots (\alpha_n + \beta_n)u_n$$
$$\alpha_u = (\alpha\alpha_1)u_1 + (\alpha\alpha_2)u_2 + \ldots + (\alpha\alpha_n)u_n$$

Isso quer dizer que $\text{ger}(B)$ é fechado em relação às operações de E.

1.7.2 Um subconjunto como subespaço vetorial

Como foi definido, dado E espaço vetorial, um subespaço vetorial (ou subespaço) de E é um subconjunto $F \subset E$ que ainda é um espaço vetorial em relação às operações de E. Isto é, F precisa ser fechado em relação às operações de E. Confirmamos ao verificarmos o seguinte:

- Se u, v ∈ F, então u + v ∈ F.
- Se u ∈ F, então, para todo α ∈ $\mathbb{R}$, αu ∈ F.

A tarefa de determinar se um subconjunto é subespaço depende de um número menor de condições pelo fato de F herdar as operações do espaço E. Essas operações trazem, de forma implícita, as propriedades (a) até (f), sendo necessário apenas mostrar que F é fechado em relação a essas operações. Vejamos alguns exemplos de subespaço.

Exercício resolvido

Usando a teoria do cálculo, sejam I = [0, 1] ⊂ $\mathbb{R}$ intervalo fechado e C_0 (I) o conjunto formado por todas as funções reais contínuas definidas em I. Fixando x_0 ∈ I, definimos o subconjunto de C_0 (I):

$$G_{x0} = \{u \in E; u(x_0) = 0\}$$

das funções contínuas em I e que contém um ponto fixo em (x_0, 0).

Tomando as operações naturais de soma de funções e multiplicação por número escalar, verificamos que:

1. dadas as funções u, v ∈ G_{x0}, então u + v = u(x) + v(x) é uma função contínua, de forma que (u + v)(x_0) = u(x_0) + v(x_0) = 0 + 0 = 0, logo u + v ∈ G_{x0};

2. dada a função $u \in G_{x_0}$ e $\alpha \in \mathbb{R}$, então $\alpha u = \alpha u(x)$ é uma função contínua, de forma que $(\alpha_u)(x_0) = \alpha_u(x_0) = \alpha_0 = 0$, logo $\alpha_u \in G_{x_0}$. Isso mostra que G_{x_0} é um subespaço de C_0 (I).

Síntese

- O conceito de vetores é fundamental para compreender a matemática básica, que possibilita cálculos mais avançados.
- Podemos utilizar os vetores em nosso cotidiano.
- As operações com vetores são utilizadas para entender gráficos e cálculos gerados por mais de uma coordenada.
- O vetor é um dos conceitos mais importantes da álgebra linear e da geometria.
- Compreender o mundo dos vetores, suas operações e a aplicação em um problema é essencial para que adiante seja possível compreender cálculos mais avançados.

Carga elétrica

2

Conteúdos do capítulo:

- Carga elétrica.
- Processos de eletrização.
- Propriedades elétricas dos materiais.
- Lei de Coulomb.
- Campo elétrico.
- Potencial elétrico.
- Diagramas de cargas e linhas de campo.
- Lei de Gauss.

Após o estudo deste capítulo, você será capaz de:

1. definir carga elétrica;
2. compreender as operações matemáticas para calcular a lei de Coulomb, o campo elétrico e o potencial elétrico;
3. utilizar a lei de Coulomb;
4. calcular as diferentes simetrias a partir da lei de Gauss;
5. entender o diagramas de cargas elétricas e linhas de campo;
6. conceituar potencial elétrico e campo elétrico.

Neste capítulo, analisaremos o desenvolvimento da eletricidade, que, assim como a descoberta do fogo, revolucionou completamente o rumo do *Homo sapiens* no planeta. Seria impossível imaginar o mundo atual sem as premissas de pensadores e os estudos sobre os átomos e as cargas elaborados nos últimos séculos.

Neste exato momento, no ambiente em que você se encontra, há provavelmente centenas de materiais conduzindo a eletricidade e distribuindo cargas por átomos e moléculas. Isso demonstra desde a praticidade que a energia elétrica trouxe até os prazeres que as novas tecnologias possibilitam.

2.1 Carga elétrica: definição

Para compreender o universo da eletricidade, você precisa conhecer como os materiais que podem ser encontrados no dia a dia são estruturados. Basicamente, toda matéria é formada por elementos fundamentais, conhecidos como *átomos*, que, quando agrupados, formam moléculas.

Veja, por exemplo, que a conhecida molécula da água (H_2O) é composta por dois átomos de hidrogênio e um de oxigênio. Sabemos, consultando a tabela periódica, que o número atômico do oxigênio é 8. Isso geralmente significa que ele tem oito prótons e oito nêutrons em seu núcleo, bem como tem oito elétrons, sendo considerado um elemento neutro. A Figura 2.1 (fora de escala) ilustra como um átomo genérico é estruturado.

Figura 2.1 – Estrutura de um átomo genérico

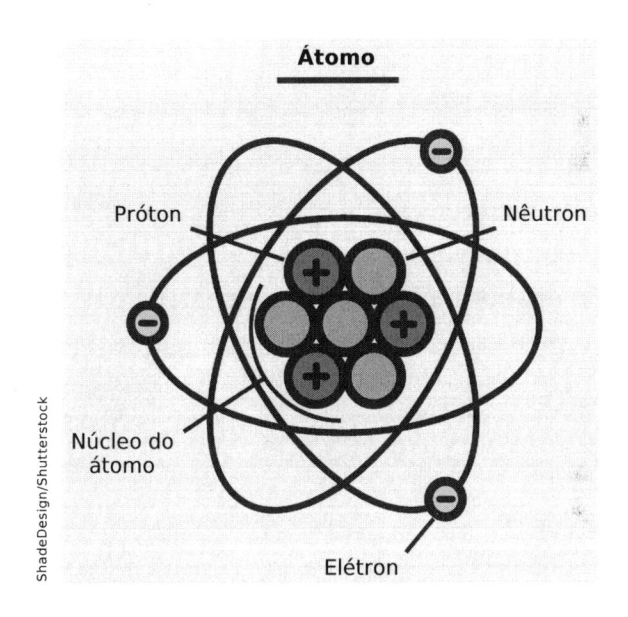

ShadeDesign/Shutterstock

Na Grécia Antiga, os filósofos se deparavam com alguns fenômenos até então inexplicáveis. Por exemplo, observavam que, ao friccionarem um pedaço de âmbar e o aproximarem de pedaços de palhas, estes eram atraídos. Com base nessas observações e mediante a curiosidade de alguns pensadores, a eletricidade começou a ser desenvolvida em diversos lugares, independentemente, por muitos séculos. Hoje sabemos que essa atração é consequência de uma propriedade elétrica intrínseca à matéria, denominada *carga elétrica*.

Existem dois tipos de cargas elétricas: as positivas e as negativas. Seus valores absolutos são iguais e de sinais contrários, anulando-se quando são somados. Portanto, um sistema composto pela mesma quantidade de cargas positivas e negativas é chamado de *carga nula*. De acordo com Alexander e Sadiku (2013), a carga de um único elétron foi definida como o valor negativo de aproximadamente $1{,}602 \times 10^{-19}$. O valor absoluto desse número normalmente é representado pela letra *e* e é medido em coulomb (C), em homenagem a Charles-Augustin de Coulomb (1736-1806). Portanto:

$$e = 1{,}602 \times 10^{-19} \text{ C}$$

$$qe = -e$$

$$qp = +e$$

$$qe + qp = 0$$

Em que *qe* e *qp* correspondem aos valores da carga de um elétron e de um próton, respectivamente, em coulomb. A escolha convencional dos sinais das cargas se deve ao cientista e inventor Benjamin Franklin (1706-1790), um dos pioneiros no estudo da eletricidade. Ele propôs também o princípio de conservação da carga, segundo o qual a carga elétrica total de um sistema isolado é conservada.

Em outras palavras, a carga não é criada ou destruída: é simplesmente movida de um objeto para outro. Você viu que um átomo se compõe, internamente, de um núcleo contendo prótons e nêutrons e, externamente, de elétrons.

Cada próton tem uma carga positiva de valor e, que é anulada pela carga negativa de cada elétron. Os nêutrons têm carga nula e estão fortemente ligados aos prótons, com uma interação que até hoje gera dúvidas aos cientistas.

Todos os materiais apresentam carga, uma vez que os átomos e as moléculas são formados por partículas carregadas. Contudo, dificilmente notamos os efeitos da carga elétrica, porque a maioria dos objetos é eletricamente neutra, ou seja, tem a mesma quantidade de cargas positivas e negativas.

Portanto, quando um material é dito carregado negativamente, é porque ele tem mais cargas negativas do que positivas, ou seja, mais elétrons do que prótons. De forma análoga, um material carregado positivamente tem mais cargas positivas do que negativas, ou seja, mais prótons do que elétrons.

O carregamento (ou descarregamento) de um material é geralmente ocasionado por um processo de eletrização, em que não ocorre a modificação da estrutura nuclear do átomo. Isso significa que um átomo nunca perde prótons nesse processo, apenas recebe (ou perde) elétrons. Veja a representação desse fenômeno na Figura 2.2.

Figura 2.2 – Cargas elétricas

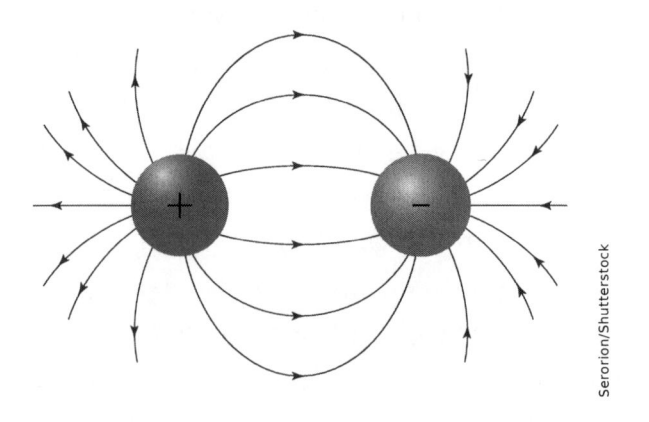

Serorion/Shutterstock

Esses conceitos e os fenômenos elétricos já haviam sido considerados pelos gregos e pelos mais antigos *Homo sapiens*, que observavam confusamente raios partindo o céu. A partir disso, foi fundamentado o princípio mais crucial da eletricidade: a lei das cargas elétricas. Essa lei estabelece que cargas de mesmo sinal se repelem, enquanto as de sinais opostos se atraem (Figura 2.3).

Figura 2.3 – Lei das cargas elétricas

Eletricidade estática

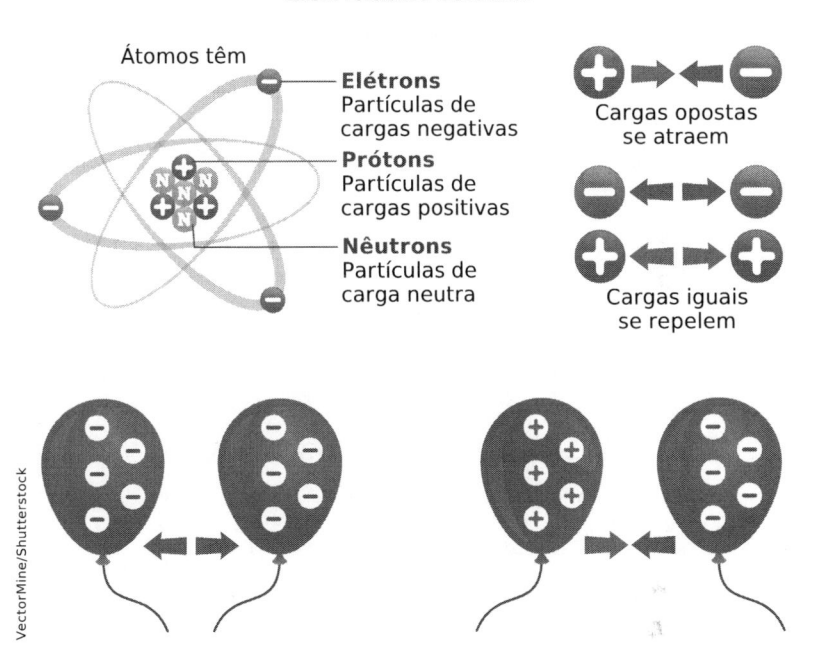

Átomos têm
- **Elétrons** Partículas de cargas negativas
- **Prótons** Partículas de cargas positivas
- **Nêutrons** Partículas de carga neutra

Cargas opostas se atraem

Cargas iguais se repelem

VectorMine/Shutterstock

Ao aproximar um material carregado (tanto positivo quanto negativo) de um objeto neutro, esse material polariza o material neutro, afastando as cargas iguais e atraindo as cargas diferentes da superfície do material. Essa polarização resulta em uma separação das cargas do material neutro, com uma pequena separação entre si, formando um dipolo elétrico. A Figura 2.4 ilustra a formação do dipolo quando uma carga externa carregada positivamente se aproxima de um átomo neutro.

Figura 2.4 – Formação do dipolo elétrico

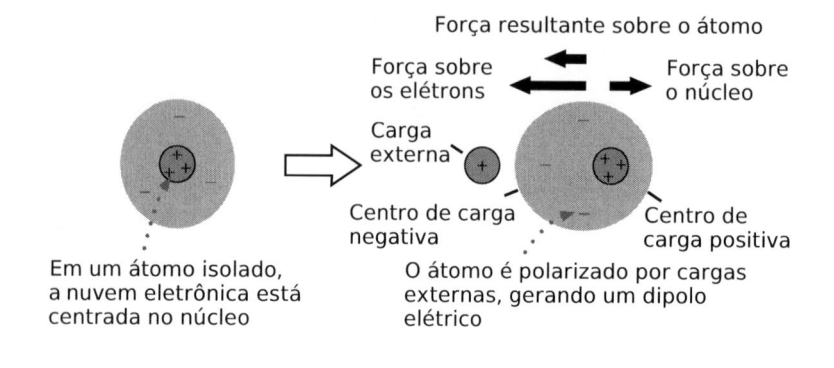

Força resultante sobre o átomo
Força sobre os elétrons ⬅➡ Força sobre o núcleo

Carga externa

Centro de carga negativa

Centro de carga positiva

Em um átomo isolado, a nuvem eletrônica está centrada no núcleo

O átomo é polarizado por cargas externas, gerando um dipolo elétrico

Fonte: Knight, 2009, p. 129.

Tendo em vista essa separação, foi possível explicar o que acontece com os materiais nos quais os fenômenos elétricos ocorrem. Por exemplo, ao aproximar um balão eletrizado de seu cabelo eletricamente neutro, as cargas do balão vão atrair as cargas opostas de seu cabelo, criando uma força de atração entre os materiais e fazendo seu cabelo "grudar" no balão.

2.2 Processos de eletrização

Na prática, os átomos dos objetos adquirem carga positiva não por ganharem prótons, mas por perderem elétrons. Os prótons estão extremamente firmes e ligados ao interior do núcleo e não podem ser adicionados ou removidos do átomo. Por outro lado, os elétrons estão ligados mais frouxamente ao núcleo e podem ser removidos com maior facilidade. O processo de remoção de um elétron do átomo é denominado *ionização* e, quando isso acontece, o átomo é chamado de *íon positivo*, com carga líquida de q = +e. Alguns átomos podem acomodar um elétron extra e, assim, tornar-se um íon negativo, com uma carga líquida q = –e. Conforme Knight (2009), as forças de atrito geradas pela fricção de dois materiais quebram as ligações moleculares de suas superfícies. As moléculas desses materiais, que até então eram eletricamente neutras por natureza, tornam-se um montante de íons positivos e negativos. Dessa forma, íons positivos permanecem em um material, e íons negativos no outro, de modo que um dos objetos friccionados fica com uma carga líquida positiva e o outro, com uma carga líquida negativa (Figura 2.5).

Figura 2.5 – Processo de eletrização por atrito

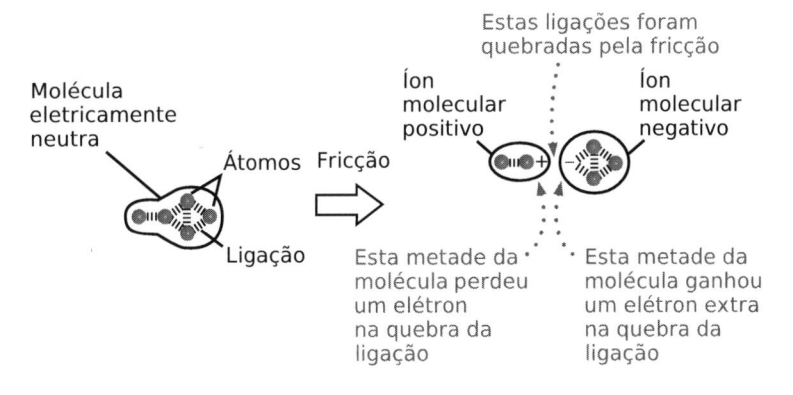

Molécula eletricamente neutra
Átomos
Ligação
Fricção
Estas ligações foram quebradas pela fricção
Íon molecular positivo
Íon molecular negativo
Esta metade da molécula perdeu um elétron na quebra da ligação
Esta metade da molécula ganhou um elétron extra na quebra da ligação

Fonte: Knight, 2009, p. 131.

Assim, explica-se o fenômeno elétrico resultante da ação de esfregar o pano em um pedaço de âmbar. Com a fricção, são acumulados íons negativos na superfície do âmbar e íons positivos na do pano. Esse processo é denominado *eletrização por atrito* e funciona melhor para grandes moléculas orgânicas. Os metais geralmente não podem ser carregados por atrito, apesar de serem ótimos condutores de eletricidade, pois têm elétrons fracamente ligados aos seus núcleos.

O processo de eletrização por atrito pode acontecer entre diversos tipos de materiais, mas há materiais com maior facilidade em fornecer elétrons (resultando em um corpo positivamente carregado), e outros que são melhores receptores de elétrons (tornando-se corpos negativamente carregados). Para descobrir, entre dois materiais friccionados, qual será o receptor e qual será o doador de elétrons, utiliza-se a tabela da série triboelétrica, que lista materiais de forma ordenada, conforme sua tendência em doar ou receber elétrons. Por exemplo, no caso da fricção entre um bastão de vidro e pelo de gato, sabemos que o vidro ficará carregado positivamente e o pelo de gato, carregado negativamente. Isso ocorre porque o vidro está posicionado mais acima da tabela e, portanto, é um material com maior capacidade de liberar elétrons do que o pelo de gato. Existem outros processos de eletrização de materiais, como a eletrização por indução. Essa eletrização ocorre, por exemplo, ao se aproximar um bastão de âmbar negativamente carregado a um material condutor neutro, como uma esfera metálica. Nesse caso, essa aproximação gera um movimento dos elétrons da esfera, em razão da lei das cargas elétricas, os quais buscam um distanciamento do pedaço de âmbar – mesmo que não ocorra nenhum contato entre os materiais. Quando isso acontece, diz-se que a esfera sofreu uma polarização de cargas. Esse é um estado momentâneo do material neutro e, conforme o bastão é afastado, suas cargas se distribuem como eram originalmente, e o material continua eletricamente neutro.

Agora, analise o exemplo mostrado na Figura 2.6.

Figura 2.6 – Processo de eletrização por indução

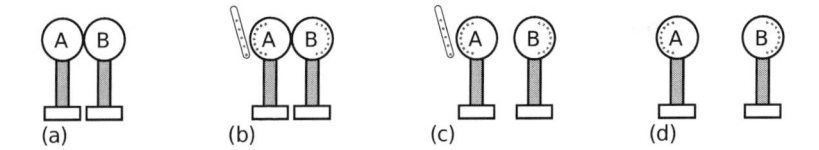

(a)   (b)   (c)   (d)

Fonte: Hewitt, 2015, p. 414.

Segundo Hewitt (2015), em (a) são apresentadas duas esferas metálicas em contato, ambas suspensas necessariamente por um material isolante, formando um único condutor inicialmente neutro. Em (b), ao se aproximar um bastão negativamente carregado da esfera A, as cargas negativas das duas esferas, conforme a lei das cargas elétricas, movem-se para a esfera B, na tentativa de se distanciarem do bastão. As duas esferas de metal estão agora polarizadas. Em seguida, as esferas em (c) são separadas, e ainda há a presença do bastão. As cargas que estavam polarizadas permanecem nas respectivas esferas, ou seja, a esfera A está carregada positivamente, e a esfera B, negativamente. Por fim, em (d), ao se distanciar o bastão das esferas, suas cargas permanecem como em (c), e é dito que as esferas sofreram um processo de eletrização por indução.

Saiba mais

Nosso planeta apresenta grande massa e dimensão e, por isso, funciona como um gigante corpo neutro. Quando qualquer corpo carregado, positiva ou negativamente, entra em contato com a Terra, essa carga excedente é transferida e distribuída por toda a superfície do planeta.

O termo *aterramento* se refere ao descarregamento por contato com a Terra. Quando se diz que um corpo está "aterrado", isso significa que pelo menos uma parte desse corpo está conectada à Terra por meio de um material condutor. A cada instante, incontáveis descargas elétricas ocorrem com o planeta. Porém, em virtude de sua dimensão, elas se tornam insignificantes, e sua carga líquida permanece praticamente nula. Podemos afirmar que a Terra é considerada eletricamente neutra.

2.3 Propriedades elétricas dos materiais

Historicamente, a evolução da humanidade anda lado a lado com a descoberta e a evolução dos materiais. Na Pré-História, os homens precisavam usar o que a natureza disponibilizava, e suas descobertas marcaram as etapas da história, como na Idade da Pedra, na Idade do Ferro e na Idade do Cobre ou do Bronze (Smith; Hashemi, 2012).

Apesar de não ser nomeada dessa forma, a época atual poderia ser chamada de *Idade do Silício*, um material semicondutor que permitiu o grande desenvolvimento da eletrônica, sendo o principal responsável por todo o avanço tecnológico existente na humanidade.

Para compreender realmente a eletricidade e seu vasto universo, não se pode deixar de lado a importância das propriedades elétricas dos materiais utilizados tanto para seu transporte quanto para sua proteção e geração. O comportamento físico de um material diante de uma carga elétrica pode classificá-lo em quatro famílias: condutores, isolantes, semicondutores e supercondutores.

2.3.1 Condutores e isolantes

Os condutores e os isolantes são as duas grandes famílias de materiais elétricos e apresentam propriedades elétricas, em certo sentido, opostas. Essa classificação é dada em relação à resistência que o material oferece ao movimentar um fluxo de cargas pela sua estrutura.

A massa de um elétron é muito menor do que a de um próton ou de um nêutron. Portanto, a maior parte da massa de um átomo reside em seu núcleo. Assim, os elétrons podem ser removidos dos átomos com relativa facilidade em certos materiais.

Por isso, geralmente os elétrons são os portadores da eletricidade. Uma representação microscópica de um isolante e de um condutor é mostrada na Figura 2.7. De acordo com Knight (2009), no material isolante, os elétrons estão fortemente conectados ao núcleo atômico, não conseguindo desprender-se dele, o que impossibilita que se movimentem livremente.

Já no caso dos condutores, os elétrons da camada de valência da eletrosfera (camada mais afastada do núcleo) estão fracamente ligados ao núcleo. A junção de vários átomos de um material condutor faz com que esses elétrons fracamente conectados ao núcleo se desprendam do átomo, movimentando-se livremente pelo material (elétrons livres).

Apesar de esses materiais apresentarem elétrons movimentando-se livremente – criando um "mar de elétrons" –, eles permanecem eletricamente neutros, porque nenhum elétron foi adicionado ou removido durante esse processo: eles apenas foram desacoplados do átomo.

Assim, os condutores têm uma grande facilidade em movimentar elétrons quando forças elétricas são submetidas ao material. Esse fluxo de cargas é denominado *corrente*.

Figura 2.7 – Visão microscópica de isolantes e condutores

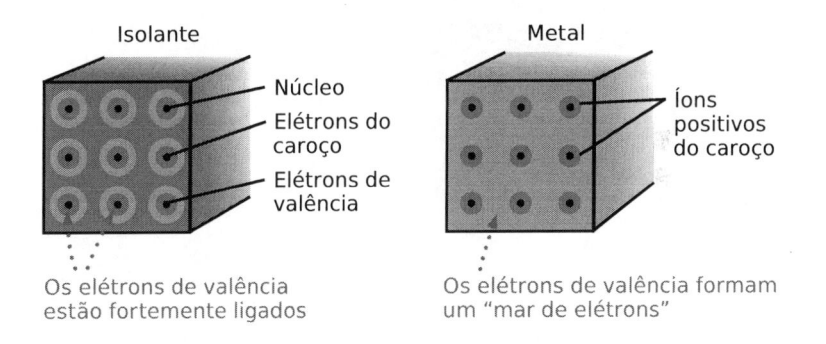

Isolante
- Núcleo
- Elétrons do caroço
- Elétrons de valência

Os elétrons de valência estão fortemente ligados

Metal
- Íons positivos do caroço

Os elétrons de valência formam um "mar de elétrons"

Fonte: Knight, 2009, p. 145.

Como exemplos de bons isolantes, podemos citar a borracha, o vidro, os plásticos, os materiais cerâmicos, a madeira seca, entre outros. Na prática, os isolantes são muito utilizados para isolar os materiais condutores transmissores de grandes quantidades de carga, como no caso dos cabos utilizados para conectar qualquer aparelho elétrico. Internamente, esses materiais são compostos por condutores – na grande maioria, por fios de cobre – e, externamente, esses fios são encapados por um isolante (Figura 2.8). Este impede que qualquer usuário ou objeto entre em contato com o condutor, sofrendo a descarga da carga que passa pelo fio, o que pode resultar em grandes choques ou até em morte.

Figura 2.8 – Fios elétricos compostos por materiais isolantes e condutores

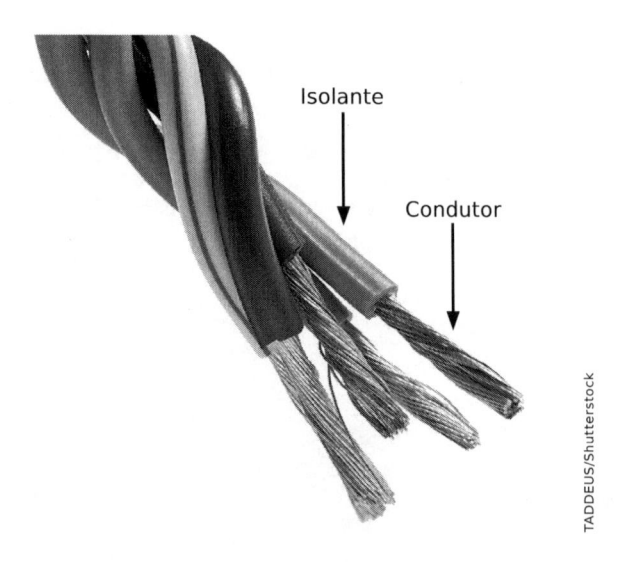

TADDEUS/Shutterstock

Os condutores mais utilizados são os metais, sendo o ouro, a prata e a platina os melhores nessa categoria. No entanto, em função de seu custo alto, são pouco empregados na transmissão de energia elétrica.

Por outro lado, o cobre e o alumínio são muito utilizados, porque apresentam boa condutividade e baixo custo.

2.3.2 Semicondutores e supercondutores

As propriedades elétricas dos materiais semicondutores são intermediárias entre as propriedades dos condutores e as dos isolantes. Esses materiais são compostos por propriedades únicas, capazes de desempenhar funções que revolucionaram a história da eletrônica, possibilitando todo o desenvolvimento tecnológico existente hoje.

São exemplos de semicondutores o germânio (Ge) e o silício (Si), que são os materiais semicondutores mais utilizados, em razão de suas excelentes propriedades elétricas, bem como de sua abundância na natureza. Esses componentes, em sua forma pura, não são bons condutores nem isolantes; porém, quando se adicionam mínimas impurezas em sua estrutura cristalina, são capazes de operar ora como condutores, ora como isolantes.

Com a descoberta desses semicondutores, nos anos 1970, desenvolveram-se os transistores, que são dispositivos eletrônicos responsáveis pelo desenvolvimento de todos os demais dispositivos eletrônicos existentes. A partir de sua criação, foi possível a construção de processadores, computadores, celulares e todas as tecnologias indispensáveis atualmente.

Uma forma simples de explicar como funcionam os transistores é compará-los a um interruptor de luz que controla o fluxo de carga em um sistema. Ao receber um comando elétrico, o transistor se comporta como um condutor; ao receber novamente esse comando, comporta-se como um isolante, controlando o momento exato de um fluxo de carga.

Os condutores, apesar de apresentarem facilidade no transporte de carga elétrica, têm uma pequena resistência, que é responsável por transformar a energia elétrica transmitida em calor – denominado *perda elétrica*. Em linhas de transmissão de energia com mais de 400 km de extensão, isso pode resultar em perdas de mais de 10% da energia transferida.

Em virtude desse e de outros fatores, muitos cientistas tentaram encontrar materiais capazes de realizar o transporte de carga com uma resistência nula. Em 1911, o físico holandês Heike Kamerlingh-Onnes observou que, ao resfriar um condutor de mercúrio a $-269,15$ °C, sua resistência elétrica se anulava, o que o tornava um material supercondutor.

Em razão de suas propriedades elétricas, os supercondutores também são capazes de gerar campos magnéticos poderosos. Esses supercampos magnéticos são aplicados, na prática, em trens de levitação magnética, que podem atingir velocidades de até 600 km/h.

> **Saiba mais**
>
> O Vale do Silício, localizado na Costa Oeste dos Estados Unidos, é o maior polo de inovação do mundo. Nessa região, estão situadas as maiores empresas de tecnologia nas áreas da eletrônica e da informática, como Facebook, Apple, Google, eBay, SanDisk e Asus. Esse polo de inovação recebeu esse apelido em função do semicondutor silício, responsável pela produção e evolução de todas as tecnologias de circuitos integrados e eletrônicos.

A utilização de supercondutores ainda está muito limitada aos ramos de transmissão de energia, principalmente porque o material precisa operar em temperaturas extremamente baixas. Porém, com o desenvolvimento de novas tecnologias e o avanço das pesquisas na área, futuramente esses materiais talvez possam ser empregados mais facilmente em outros campos.

2.4 Lei de Coulomb

A lei de Coulomb foi formulada em 1785 pelo coronel francês Charles-Augustin Coulomb, por meio de um experimento com esferas carregadas e uma balança de torção muito sensível (Hayt Jr.; Buck, 2013). Essa lei determina como uma carga pontual no espaço exerce força sobre outra carga pontual no espaço (Sadiku, 2012).

A lei de Coulomb é análoga à lei da gravitação, de Newton, respeitando também a proposta do inverso do quadrado (Knight, 2009). De acordo com tal proposta, a força exercida por uma carga pontual sobre outra varia de maneira inversamente proporcional ao quadrado da distância entre elas. A força F entre duas cargas pontuais q_1 e q_2 tem quatro características básicas, a saber:

1. Tem a direção descrita pela linha que une as duas cargas.
2. É diretamente proporcional ao produto da intensidade das duas cargas.
3. É inversamente proporcional ao quadrado da distância entre elas.
4. Seu sentido depende da polaridade das cargas em questão.

A Figura 2.9, a seguir, apresenta a força exercida por duas cargas uma em relação à outra em três situações distintas: duas cargas com polaridade positiva, duas cargas com polaridade negativa e duas cargas com polaridades distintas. Como você pode observar na Figura 2.9, cargas com a mesma polaridade elétrica exercem forças de repulsão, enquanto cargas com polaridades distintas exercem forças de atração.

Figura 2.9 – Força elétrica exercida entre duas cargas pontuais

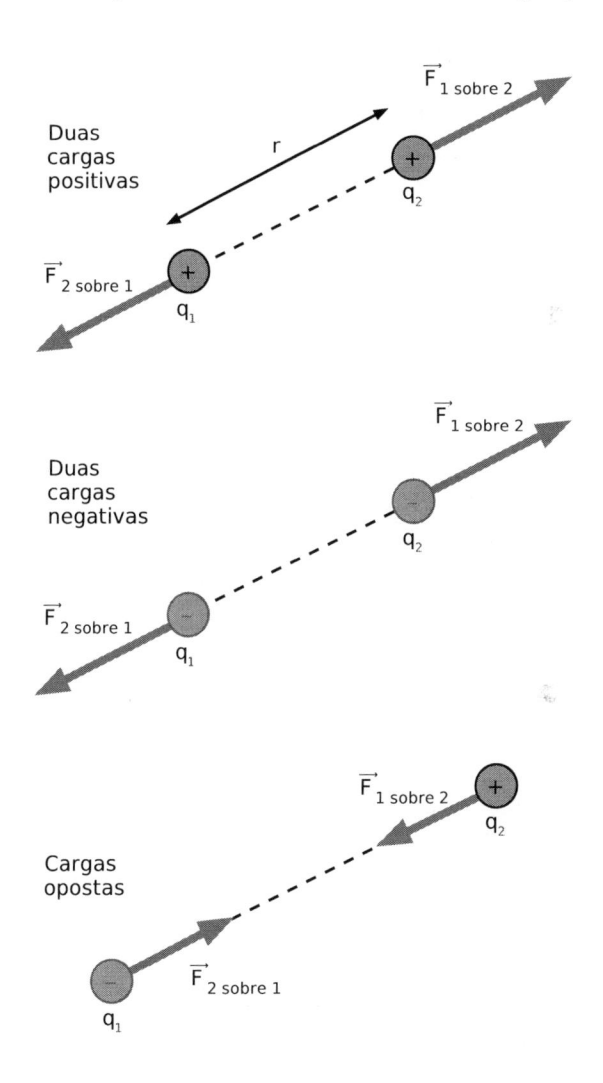

Fonte: Knight, 2009, p. 801.

❓ O que é?

O que acontece com cargas de mesmos sinais?

As cargas que têm sinais iguais são repelidas. Assim, uma carga positiva repele outra positiva; o mesmo ocorre com cargas negativas.

Do ponto de vista matemático, a lei de Coulomb pode ser expressa da seguinte maneira:

$$F = \frac{K \cdot Q_1 \cdot Q_2}{d^2}$$

Em que:
- F = força elétrica, em newtons (N), produzida por uma carga elétrica Q_1 em Q_2, ou vice-versa;
- d = distância entre essas cargas;
- K = constante de proporcionalidade, denominada *constante eletrostática*.

A constante eletrostática pode ser determinada por meio da equação a seguir:

$$K = \frac{1}{4\pi\varepsilon}$$

Note que nessa equação há a variável ε, que é chamada de *constante de permissividade elétrica no vácuo*. A permissividade elétrica é a capacidade que um material tem de se polarizar quando submetido a um campo elétrico. A permissividade elétrica no vácuo equivale a:

$$\varepsilon = 8{,}854 \cdot 10^{-12} \ (C^2/Nm^2)$$

As equações anteriores determinam a força elétrica de maneira escalar. Nesse contexto, a direção e o sentido dessa força são determinados de forma qualitativa, ou seja, por meio da observação da polaridade das cargas e da observação da linha que as une. Ainda é possível descrever a lei de Coulomb de maneira mais geral. Nesse caso, leva-se em consideração a posição das cargas no espaço para a determinação da direção da força. Além disso, utiliza-se a polaridade das cargas para a determinação do sentido da força. Essa forma é conhecida como *forma vetorial*. A Figura 2.10, a seguir, ilustra esse entendimento. Posteriormente, veja a equação que descreve o formato vetorial dessa lei.

Figura 2.10 – Aplicação da lei de Coulomb na forma vetorial

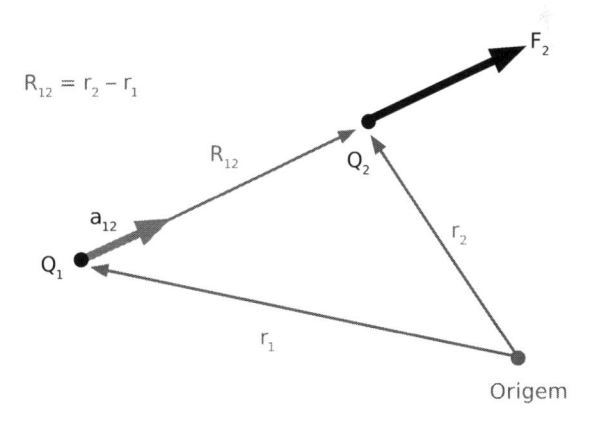

$$R_{12} = r_2 - r_1$$

Fonte: Hayt Jr.; Buck, 2013, p. 28.

Equacionando, de forma vetorial, a força que a carga Q_1 exerce em Q_2, denominada F_2, temos:

$$\vec{F_2} = \frac{|q_1||q_2|}{4\pi\varepsilon_0 |R_{12}|} a_{12}$$

Em que a_{12} representa o vetor unitário que orienta a direção dessa força (na linha formada entre Q_1 e Q_2), podendo ser obtido, segundo a álgebra vetorial, por:

$$a_{12} = \frac{\vec{R_{12}}}{|R_{12}|} = \frac{\vec{r_2} - \vec{r_1}}{r}$$

Hayt Jr. e Buck (2013) destacam que a força elétrica é uma força mútua, ou seja, as duas cargas exercem forças de mesma intensidade e direção, porém com sentidos opostos. Portanto:

$$\vec{F_1} = -\vec{F_2} = \frac{|q_1||q_2|}{4\pi\varepsilon_0 |R_{21}|} a_{21}$$

Se houver uma terceira carga (ou outras mais), não ocorrerá alteração na força mútua exercida pelas duas primeiras, e sim adição de outra força mútua, isto é, haverá a soma vetorial das forças que cada uma das cargas presentes exerce. Esse fenômeno é conhecido como *teorema da superposição* ou *princípio da superposição* (Edminister; Nahvi-Dekhordi, 2013).

2.5 Campo elétrico

Podemos notar o modo como as cargas elétricas interagem na formação dos diagramas de campo elétrico e das linhas de campo elétrico. Ambos são formas gráficas utilizadas para indicar o comportamento do campo elétrico ao redor de um ponto.

O passo inicial para o entendimento dos fenômenos eletromagnéticos é a exploração da interação produzida entre as cargas elétricas denominada *força elétrica*. A partir desse estudo, pode-se entender o que é campo elétrico. Em suma, ele é um importante componente da eletricidade e está presente, de maneira direta ou indireta, em praticamente todas as aplicações eletroeletrônicas observadas no cotidiano.

O conceito de campo elétrico é relacionado ao campo de forças elétricas que atuam em uma carga de prova, que se desloca no espaço, e que são produzidas por uma carga fixa no espaço, por unidade de carga (Hayt Jr.; Buck, 2013). Trata-se de uma grandeza vetorial oriunda da lei de Coulomb e que pode ser entendida como a força que uma carga exerce em um ponto, onde está posicionada a carga de prova, dividida pela intensidade dessa carga de prova.

O campo elétrico foi modelado por Michael Faraday, que propôs que a força elétrica fosse entendida como um campo vetorial. Ele aplicou a noção matemática de que todos os pontos no espaço apresentam uma força elétrica relacionada a uma carga elétrica em um ponto fixo.

Esse conceito também é análogo ao do campo gravitacional, proposto por Newton (Knight, 2009). O campo elétrico é o resultado do campo de forças elétricas devido a uma configuração de cargas e, como grandeza vetorial, apresenta intensidade, direção e sentido, sendo representado pelo vetor $\vec{E}$. O modelo de campo elétrico, segundo as proposições de Knight (2009), tem duas características importantes:

1. Algumas cargas, denominadas *fontes*, alteram o espaço ao redor a partir do campo elétrico, $\vec{E}$, proporcionado por elas.
2. Existe uma força exercida por esse campo elétrico, $\vec{E}$, em toda carga isolada inserida nele. Dessa forma, para chegar ao modelo de campo elétrico, suponha que uma carga q recebe uma força elétrica resultante de outras cargas presentes nesse sistema, denominada $\vec{F}_r$.

Esse vetor varia de acordo com a posição em que a carga q está no espaço, numa função contínua das coordenadas (x, y, z). Assim, o campo elétrico, $\vec{E}$, é a expressão da força elétrica resultante na carga q, em qualquer lugar no espaço, por unidade de carga (Knight, 2009). Ou seja:

$$\vec{E}(x, y, z) = \frac{\vec{F}_r(x, y, z)}{q}$$

Como essa é uma relação descrita por unidade de carga, o campo elétrico não depende da intensidade da carga de prova. Vamos considerar, a seguir, a Figura 2.11. Ela mostra o campo elétrico, $\vec{E}$, devido a uma carga Q posicionada num ponto de coordenadas (x', y', z'), que atua num ponto P de coordenadas (x, y, z).

Figura 2.11 – Campo elétrico devido a uma carga Q

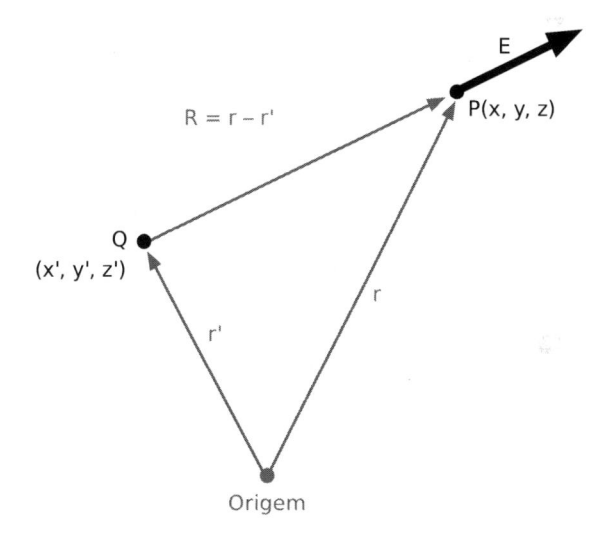

Fonte: Hayt Jr.; Buck, 2013.

As partículas carregadas eletricamente em movimento sofrem ação de forças quando cruzam um campo elétrico. Essas forças dependem da intensidade do campo elétrico e da carga da partícula em questão. De modo vetorial, elas podem ser descritas como:

$$\vec{F}_e = q \cdot \vec{E}$$

Em que F_e representa a força resultante sobre a partícula carregada com carga *q* imersa em um campo elétrico uniforme. Com base nessa equação, é possível observar que o sentido da força depende diretamente da polaridade da carga da partícula. Se ela tiver carga positiva, a força terá o mesmo sentido do campo elétrico; se tiver carga negativa, a força terá sentido contrário ao campo elétrico.

2.6 Potencial elétrico

O conceito de potencial elétrico é de extrema importância no âmbito do eletromagnetismo para o entendimento de pilhas, aceleradores de partículas, equipamentos eletrônicos e até da própria energia elétrica que é usada em nosso dia a dia.

    Antes de tratarmos do potencial elétrico, vamos relembrar o conceito de energia potencial elétrica. A energia potencial elétrica U de uma carga teste q_0 em um campo elétrico depende da posição da partícula. A diferença de energia potencial ΔU entre dois pontos *i* e *f* é definida como o negativo do trabalho W_{if} realizado pela força eletrostática através do campo elétrico durante o percurso da carga de *i* até *f*. Assim:

$$\Delta U = U_f - U_i = -W_{if}$$

    Para definirmos a energia potencial em um único ponto, podemos atribuir um valor de energia arbitrário para o ponto *i*. Assim, escolhemos *i* a uma distância infinita e o valor zero para a energia nesse ponto. Desse modo, ficamos com:

$$U = -W_{\infty f}$$

O potencial elétrico V em um ponto do campo elétrico é, então, definido como a energia potencial por unidade de carga, ou seja:

$$V = \frac{U}{q_0}$$

Um fato importante a se enfatizar é que o potencial tem valor único em qualquer ponto de um campo elétrico (Halliday; Resnick; Krane, 2004), isto é, diferentes cargas localizadas em um mesmo ponto em um campo elétrico apresentarão o mesmo valor de potencial. A diferença de potencial ΔV entre dois pontos *i* e *f* é igual a:

$$\Delta U = -\frac{W_{if}}{q_0}$$

Ou seja, a diferença de potencial entre os pontos *i* e *f* é igual ao negativo do trabalho entre esses dois pontos dividido pela carga teste. Considerando o ponto *i* no infinito, podemos definir o potencial em qualquer ponto *f* de um campo elétrico:

$$V = -\frac{W_{\infty f}}{q_0}$$

Em que $W_{\infty f}$ é o trabalho realizado pelo campo elétrico sobre a carga q_0 durante o percurso do infinito até o ponto *f*. A unidade SI (Sistema Internacional de Unidades) para o potencial é o joule por coulomb ou o volt: 1 V é equivalente a 1 J/C.

▷ Saiba mais

Quando há a distribuição contínua de cargas, ou seja, quando existem cargas espalhadas de maneira uniforme em determinada região, é preciso somar os elementos infinitesimais dentro dessa região para determinar a carga total que produz o campo elétrico. Para isso, é necessário aplicar a operação integral para resolução, utilizando-se também o princípio da superposição nessas regiões, que podem ter três tipos de distribuição contínua: linear, superficial e volumétrica. Cada uma dessas regiões apresenta uma característica denominada *densidade de carga*, representada pela letra grega ρ, associada ao modelo de distribuição:

- ρ_L para distribuição linear de cargas;
- ρ_S para distribuição superficial de cargas;
- ρ_V para distribuição volumétrica de cargas.

Para a determinação da carga total presente na região e, assim, do campo elétrico, basta integrar os elementos infinitesimais referentes a cada uma das cargas, utilizando-se as respectivas densidades de carga, nos limites de integração que cada uma das regiões estabelece.

2.7 Diagrama de campo elétrico e linhas de campo

Se você posicionar uma carga elétrica q, positiva, em um ponto fixo no espaço, pode determinar quais seriam os vetores campo elétrico nos pontos situados ao redor dessa carga – intensidade, direção e sentido. Esse processo dá origem ao diagrama de campo elétrico (Knight, 2009).

Nesse diagrama, são expressos os campos elétricos em diversos pontos ao redor da carga em questão. Observe um exemplo na Figura 2.12, a seguir.

Essa figura apresenta o processo de implementação de um diagrama de campo elétrico, inicialmente com dois pontos – para ilustrar o processo – e posteriormente com vários pontos, já indicando a formação de um padrão.

Figura 2.12 – Diagrama de campo elétrico de uma carga positiva com dois pontos (a) e diversos pontos (b)

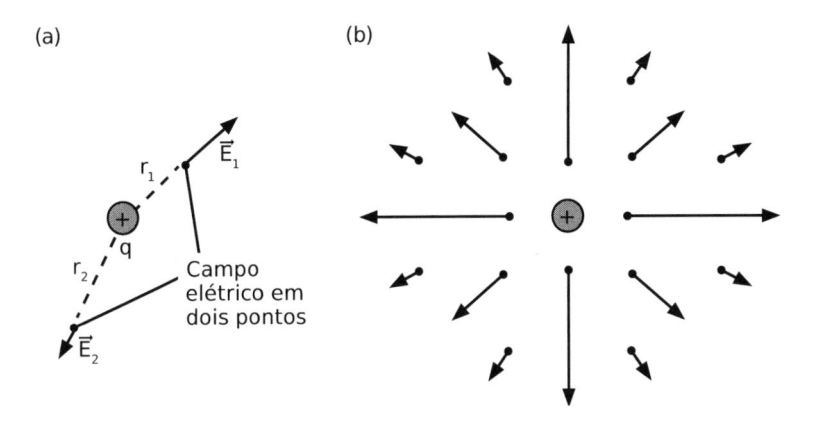

Fonte: Knight, 2009, p. 808.

O mesmo diagrama poderia ser definido para uma carga negativa, como mostra a Figura 2.13, a seguir.

Figura 2.13 – Diagrama de campo elétrico de uma carga negativa

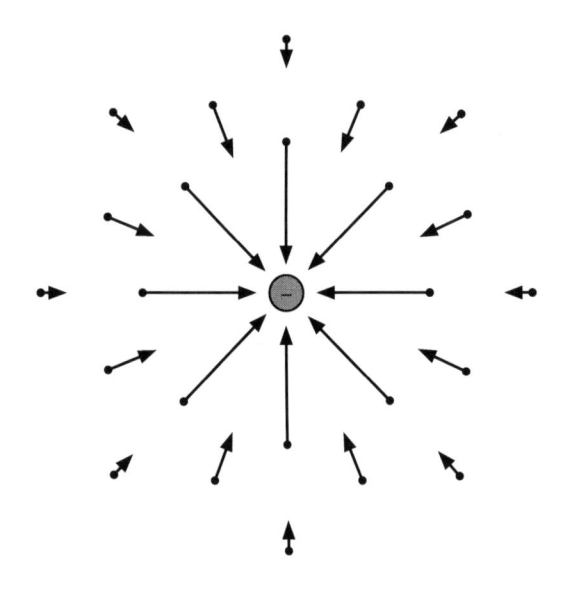

Fonte: Knight, 2009, p. 809.

Note que, no caso da carga positiva, os vetores campo elétrico têm o sentido de saída da carga. Já na carga negativa, o sentido é invertido, ou seja, vai do ponto em direção à carga. É como se o campo elétrico estivesse saindo da carga positiva e entrando na carga negativa. Isso ocorre porque o campo elétrico é oriundo da força elétrica desenvolvida pela carga em questão em função de uma carga de prova q_0, que é positiva.

Se a fonte é uma carga positiva, existe uma força de repulsão entre as duas cargas, o que projeta um campo elétrico que aponta para fora da carga positiva. Já se a fonte é uma carga negativa, existe uma força de atração, e o vetor aponta para a própria carga.

Hayt Jr. e Buck (2013) apresentam um método matemático para a determinação dessas linhas de campo elétrico. Esse tipo de ilustração é o mais utilizado para se observar o comportamento do campo elétrico no espaço.

Na Figura 2.14, a seguir, veja um exemplo de linhas de campo elétrico.

Figura 2.14 – Linhas de campo elétrico

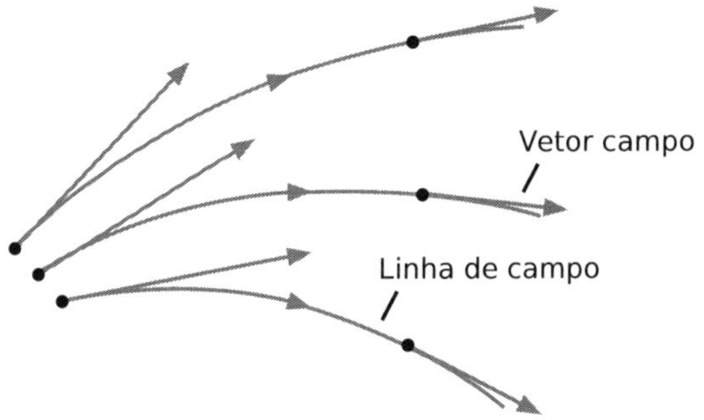

Fonte: Knight, 2009, p. 824.

A partir dessas linhas, é possível traçar um diagrama de linhas de campo elétrico, chamado também de *diagrama de linhas de força*. Nesse diagrama, as linhas respeitam quatro características, a saber:

1. São linhas contínuas e tangenciais aos vetores de campo elétrico nos pontos ao longo do espaço.

2. Linhas mais próximas representam locais onde o campo elétrico é mais intenso (mais próximo às fontes).
3. As linhas jamais se cruzam.
4. As linhas partem das cargas positivas e se dirigem às cargas negativas (Knight, 2009).

Quando são inseridas várias cargas, pontuais ou distribuições contínuas, os vetores campo elétrico são resultado das somas vetoriais das forças de repulsão e atração das cargas. Outra forma de ilustrar o formato do campo elétrico resultante num sistema é utilizando as linhas de campo elétrico, que são, segundo Knight (2009), curvas contínuas que tangenciam os vetores campo elétrico ao longo do espaço.

2.8 Lei de Gauss

A lei de Gauss é muito importante no estudo dos campos eletrostáticos e pode ser definida como a relação entre o fluxo elétrico líquido através de uma superfície fechada e a carga no interior de uma superfície. Um enunciado formal da lei de Gauss estabelece que o fluxo elétrico resultante através de qualquer superfície fechada é igual à carga total confinada por aquela superfície (Wentworth, 2009).

O fluxo elétrico pode ser entendido como a medida da quantidade de campo elétrico que atravessa uma superfície com área A quando a normal à superfície está inclinada θ em relação ao campo. Veja a ilustração da Figura 2.15 (Knight, 2009).

Figura 2.15 – Fluxo elétrico

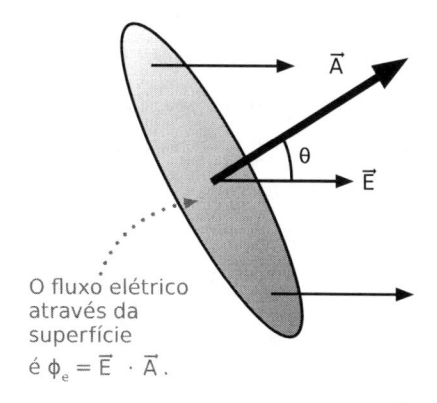

O fluxo elétrico através da superfície é $\phi_e = \vec{E} \cdot \vec{A}$.

Fonte: Knight, 2009, p. 857.

Agora, considere uma carga positiva q localizada no centro de uma esfera que tem raio r, como mostra a Figura 2.16.

Figura 2.16 – Superfície gaussiana esférica de raio r que envolve uma carga elétrica q

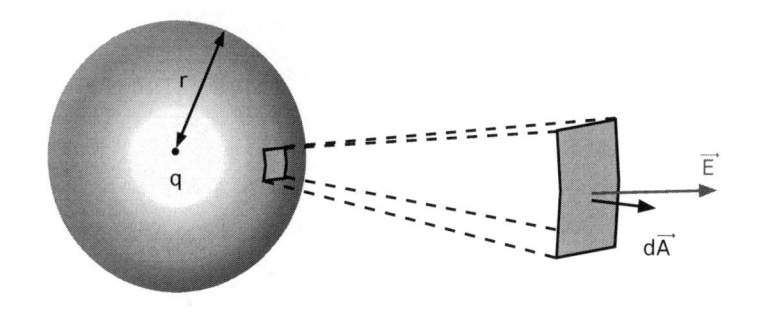

Fonte: Bauer; Westfall; Dias, 2012, p. 51.

A Figura 2.16 auxilia na derivação da lei de Gauss a partir da lei de Coulomb. A lei de Coulomb descreve a força eletrostática, F_e, entre duas cargas elétricas. Ela é proporcional ao módulo das cargas elétricas e inversamente proporcional ao quadrado da distância que separa essas cargas.

É dada pela equação: $F_e = K \dfrac{|q_1 q_2|}{r^2}$, em que q_1 e q_2 são cargas elétricas, r é a distância que as separa e K é a constante elétrica do meio (Bauer; Westfall; Dias, 2012). A lei de Coulomb determina que o campo elétrico é dado por $E = K \dfrac{q}{r^2}$ e que as linhas de campo são perpendiculares à superfície em cada ponto.

Ou seja, cada ponto E é paralelo ao vetor ΔA_i, que é um elemento local da área ΔA_i. Dessa forma, o fluxo líquido através de uma superfície gaussiana é dado por:

$$\Phi_c = E \oint dA$$

Uma superfície gaussiana, $\oint dA$, é uma superfície fechada atravessada por um campo elétrico. Substituindo a equação do campo elétrico na equação acima e considerando a superfície gaussiana uma superfície esférica, obtemos:

$$\Phi_c = E \oint dA = \frac{Kq}{r^2} \oint dA = \frac{Kq}{r^2}(4\pi r^2) = 4\pi K q$$

Em que:

$$K = \frac{1}{4\pi \varepsilon_0}$$

Se você substituir K na equação anterior, vai notar que o fluxo líquido através da superfície gaussiana esférica é proporcional à carga *q* no interior dessa superfície e não depende de *r* (Serway, 1992).

A contribuição de Gauss para a área não foi apenas enunciar a lei que você acabou de conhecer, mas também elaborar uma forma matemática para seu enunciado (Hayt Jr.; Buck, 2013).

Nesta seção, você estudou as linhas de campo e viu como calcular o campo elétrico resultante de duas cargas de sinais opostos. Além disso, estudou o fluxo elétrico a partir da lei de Gauss, derivada da lei de Coulomb.

2.8.1 Simetrias para determinação de campo elétrico

Você pode utilizar a lei de Gauss de forma abrangente para calcular o campo elétrico. Porém, ela só tem utilidade prática nas situações em que se pode utilizar a simetria de maneira adequada.

A superfície gaussiana pode ter qualquer forma; contudo, a forma que facilita o cálculo do campo elétrico é aquela que reflete a simetria da distribuição de cargas.

Os três principais tipos de simetria que facilitam o cálculo da lei de Gauss, descritos na sequência, são: simetria planar; simetria esférica; e simetria cilíndrica.

Simetria planar

Para determinar o campo elétrico a uma distância *r* da superfície de um plano de carga infinita pela simetria planar, considere uma folha não condutora, plana e fina de carga positiva com uma carga por unidade de área uniforme σ > 0.

Figura 2.17 – Folha não condutora, plana e fina de carga positiva com uma densidade de carga σ

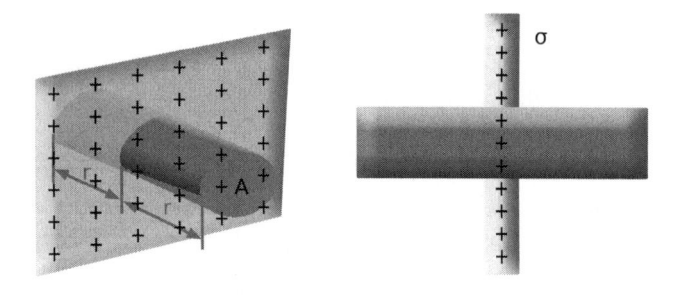

Fonte: Bauer; Westfall; Dias, 2012, p. 54.

Para calcular esse campo, é preciso escolher uma superfície gaussiana apropriada. Nesse caso, a superfície escolhida tem a forma de cilindro reto fechado com seção transversal de área A e comprimento 2r cortando o plano de forma perpendicular, como você pode ver na Figura 2.17. De acordo com a lei de Gauss (Bauer; Westfall; Dias, 2012):

$$\oint \vec{E} dA = (EA + EA) = \frac{q}{\varepsilon_0} = \frac{\sigma A}{\varepsilon_0}$$

Em que σA é a carga do plano contida no interior do cilindro. Dessa forma, a intensidade do campo elétrico para esse caso é dada por:

$$E = \frac{\sigma}{2\varepsilon_0}$$

Simetria esférica

Agora, vejamos como determinar o campo elétrico criado por uma distribuição de carga esfericamente simétrica. Para isso, considere uma casca esférica fina com carga $q > 0$ e raio r_s. A superfície gaussiana escolhida foi a esférica de raio $r_2 > r_s$ (Bauer; Westfall; Dias, 2012). A Figura 2.18 ilustra esse caso.

Figura 2.18 – Casca esférica carregada de raio r_s com uma superfície gaussiana de raio $r_2 > r_r$ e uma segunda superfície gaussiana com r_1

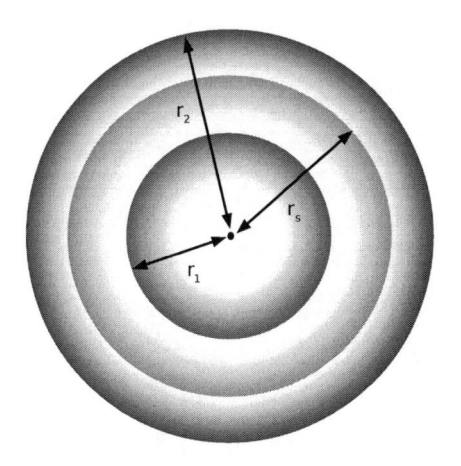

Fonte: Bauer; Westfall; Dias, 2012, p. 55.

Aplica-se a lei de Gauss e obtém-se o campo:

$$E = \oint \vec{E} dA = E(4\pi r_2^2) = \frac{q}{\varepsilon_0}$$

$$E = \frac{1}{4\pi\varepsilon_0 r_2^2} \cdot q$$

Simetria cilíndrica

A Figura 2.19 representa uma superfície gaussiana em forma de um cilindro de raio *r* e comprimento L rodeando um fio condutor longo com uma carga uniforme por unidade de comprimento $\lambda > 0$. Esse fio está no eixo do cilindro.

Figura 2.19 – Cilindro de raio *r* e comprimento L rodeando um fio condutor longo com uma carga uniforme por unidade de comprimento $\lambda > 0$

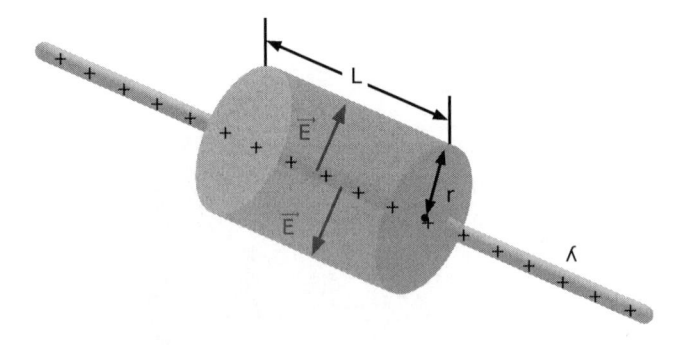

Fonte: Bauer; Westfall; Dias, 2012, p. 54.

O campo elétrico nesse exemplo é perpendicular à parede do cilindro em cada ponto e pode ser calculado por:

$$E = \oint \vec{E} dA = EA = 2\pi rL = \frac{q}{\varepsilon_0} = \frac{\lambda L}{\varepsilon_0}$$

Em que $2\pi rL$ é a área da parede cilíndrica. Rearranjando a equação acima, obtemos:

$$E = \frac{\lambda}{\varepsilon_0 2\pi r} = \frac{2K\lambda}{r}$$

Em que *r* é a distância perpendicular em relação ao fio (Bauer; Westfall; Dias, 2012).

Nesta seção, vimos as três principais simetrias para a determinação do campo elétrico utilizando superfícies gaussianas.

Exercício resolvido

Calcule o fluxo elétrico de um cilindro.

Solução:
Para calcular o fluxo elétrico de um cilindro, primeiramente você deve dividi-lo em três superfícies: topo, lateral e fundo. Em seguida, você deve analisar cada parte. No topo e no fundo, o campo elétrico é tangente em todos os pontos, então o fluxo é nulo nessas duas superfícies. Já na lateral, o campo elétrico

é perpendicular à superfície em todos os pontos e apresenta módulo constante de:

$$E = E_0 \left(\frac{R^2}{r_0^2} \right)$$

em qualquer ponto sobre a superfície. Assim, o fluxo lateral é dado por $\Phi = EA$. O fluxo elétrico resultante é o somatório das três superfícies. Veja:

$$\Phi_e = \oint \vec{E} \, dA = \Phi_{topo} + \Phi_{fundo} + \Phi_{lateral} = 0 + 0 + EA_{lateral}$$

$$\Phi_e = EA_{lateral}$$

2.8.2 Integração por meio da eletrostática

As integrais que envolvem eletrostática são relativamente simples de se resolver, porém você deve compreender o significado delas. Considere, por exemplo, o fluxo de um campo elétrico através de uma superfície inteira. O fluxo é dado pela seguinte equação, denominada *integral de superfície*:

$$\Phi_e = \oint \vec{E} \, dA$$

Essa equação pode ser entendida como o somatório dos fluxos de elétrons através de um número significativo de áreas bem pequenas de uma superfície. Suponha que a superfície esteja sobre um campo elétrico uniforme, ou seja, um campo que é igual em todos os pontos dessa superfície. Nessas condições, pode-se dizer que o campo é constante; assim, ele sai da integração. Aplicando o produto escalar, temos:

$$\Phi_e = \oint \vec{E} \cos\theta \, dA$$

$$\Phi_e = E \cos\theta \oint dA$$

Em que θ é o ângulo formado entre o vetor $\vec{E}$ e o vetor normal da área. A integral que falta calcular é simplesmente o somatório de várias áreas pequenas nas quais a superfície foi subdividida. Assim, o somatório de todas essas áreas é igual a A.

Se você aplicar esse conceito na equação anterior, vai concluir que o cálculo do fluxo elétrico é dado por:

$$\Phi_e = E \cos\theta \oint dA$$

$$\Phi_e = E \, A \cos\theta$$

A maioria das superfícies gaussianas é curva. Vejamos, agora, como calcular o fluxo elétrico nesse tipo de superfície. O primeiro passo é dividir a superfície em pequenos pedaços de área δA. O segundo passo é definir cada pedaço de área em um vetor de área δA perpendicular à superfície naquele ponto. Assim como no caso anterior, temos:

$$\Phi_e = \oint \vec{E} \, dA$$

No caso de uma superfície curva, o campo é tangente ou paralelo a essa superfície em todos os pontos. No campo tangente à superfície, o produto escalar $\vec{E} \cdot d\vec{A}$ é nulo em qualquer ponto, pois E é perpendicular a dA. Desse modo, o fluxo é nulo. A Figura 2.20 ilustra esse caso.

Figura 2.20 – Campo tangente à superfície curva

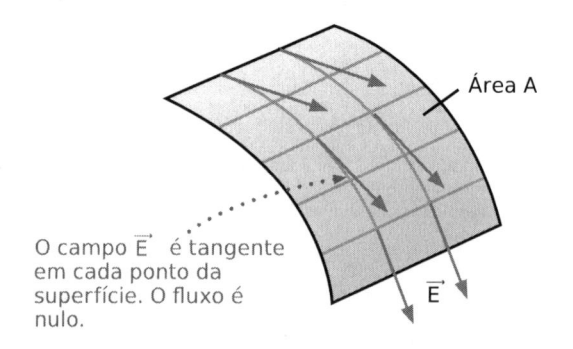

O campo $\vec{E}$ é tangente em cada ponto da superfície. O fluxo é nulo.

Área A

$\vec{E}$

Fonte: Knight, 2009, p. 859.

Já para o campo perpendicular à superfície, o campo E apresenta o mesmo módulo e difere na orientação em cada ponto. Contudo, em qualquer ponto, o campo E é sempre paralelo a dA, e $\vec{E} \cdot d\vec{E}$ é igual a EdA.

$$\Phi_e = \oint \vec{E}\, dA$$

$$\Phi_e = \oint E\, dA$$

$$\Phi_e = E \oint dA$$

$$\Phi_e = EA$$

O fluxo elétrico através de uma superfície fechada, como um cilindro ou uma esfera, não apresenta nenhuma mudança em relação ao que você viu até aqui. Afinal, uma superfície fechada nada mais é do que uma superfície aberta que posteriormente foi fechada. A única mudança que você vai ver é em relação à notação matemática da integração de uma superfície fechada, que é dada, para o exemplo de fluxo, por:

$$\Phi_e = \oint \vec{E}\, dA$$

No entanto, por se tratar de integrais simples para a realização do cálculo, temos de entender o significado dela para calcular algumas grandezas físicas vinculadas às condições de contorno dessa integral.

Síntese

- O conceito de carga elétrica basicamente se torna fundamental para compreender a eletrostática, pois se trata de cargas elétricas em movimento ou em repouso.
- É de grande importância saber como calcular utilizando a lei de Gauss para diferentes simetrias.
- É necessário saber diferenciar o cálculo e os conceitos de campo elétrico, potencial elétrico e lei de Coulomb.
- Também é preciso saber diferenciar as diferentes simetrias.
- A eletricidade está presente em nosso dia a dia, por isso temos de saber como utilizar e calcular as grandezas relacionadas a ela.

Corrente elétrica

3

Conteúdos do capítulo:

- Corrente elétrica.
- Corrente e condutividade.
- Lei de Ohm.
- Circuito de corrente alternada.
- Corrente alternada *versus* corrente contínua.
- Fasores.
- Circuitos de corrente alternada.
- Fórmulas da lei de Ohm e das potências.
- Tensão.

Após o estudo deste capítulo, você será capaz de:

1. definir corrente elétrica e suas equações;
2. compreender as operações matemáticas para calcular a lei de Ohm e as grandezas relacionadas a ela;
3. utilizar a lei de Ohm;
4. diferenciar corrente alternada de corrente contínua, além das análises gráficas;
5. conceituar fasores.

Neste capítulo, vamos verificar como a carga elétrica, presente em todos os corpos, pode ocasionar o fenômeno conhecido como *corrente elétrica*. Também vamos ver como determinar a quantidade de corrente elétrica que pode fluir por um corpo.

Além disso, você vai conhecer as condições propícias ao aparecimento dessa corrente. Aprender sobre grandezas e relações elétricas é muito útil para resolver e analisar circuitos elétricos.

Nesse contexto, é necessário reconhecer características intrínsecas aos materiais que os tornam melhores ou piores condutores de eletricidade. Com base nesse conhecimento, uma importante lei da eletrostática é estabelecida.

Para entender a natureza física por trás dos efeitos elétricos presentes em circuitos e instalações, é preciso considerar os blocos fundamentais da matéria: os átomos, que são formados por elétrons (partículas de carga negativa), prótons (partículas de carga positiva) e nêutrons.

Elementos diferentes apresentam quantidades diferentes de elétrons orbitando seu núcleo, os quais estão divididos em camadas eletrônicas. Por sua vez, cada camada apresenta uma quantidade bem definida de elétrons. Porém, na camada mais distante do núcleo (camada de valência) estão presentes os elétrons cuja ligação com o núcleo já está tão fraca que pode se romper caso energia suficiente seja introduzida, situação em que essas partículas se tornam elétrons livres.

Dessa forma, quando um fio condutor (material que apresenta muitos elétrons livres) é conectado a uma força eletromotriz (tensão elétrica), esses elétrons passam a se mover, dando origem à corrente elétrica. As cargas elétricas presentes nos elétrons livres são medidas em coulombs (C).

3.1 Corrente elétrica: definição

Todos os corpos são compostos por partículas carregadas. Essas partículas podem ser carregadas negativamente (com elétrons) ou positivamente (com prótons). As cargas elétricas podem se movimentar nos corpos, gerando uma corrente elétrica. Nem todas as cargas que se movem podem gerar corrente. Além disso, nem todos os corpos são suscetíveis à presença de corrente elétrica, dado o movimento das cargas.

    As cargas elétricas negativas movimentando-se ordenadamente em corpos condutores geram corrente elétrica. Materiais condutores são propícios à condução de corrente se certa forma de energia movimentar os elétrons em seu interior. Para que esse movimento de elétrons seja possível, uma diferença de potencial deve ser aplicada ao corpo condutor. A carga elétrica é representada por q, em coulombs (C), enquanto o tempo é representado por t, descrito em segundos (s). A corrente elétrica é definida como a taxa de variação da carga elétrica, em movimento ordenado e em determinado intervalo de tempo, pela seção transversal de um condutor. Ou seja:

$$i = \frac{dq}{dt}$$

A unidade de corrente elétrica no Sistema Internacional de Unidades (SI) é o coulomb por segundo (ou ampère, representado pela letra A). Por integração, é possível determinar a carga que flui em uma seção reta do condutor em dado intervalo de tempo (Halliday; Resnick; Walker, 2009). Veja:

$$q = \int_0^{t_i} i\, dt$$

Em condições de corrente constante – caso de condutores submetidos a uma corrente contínua (CC) –, a corrente pode ser determinada pela quantidade de carga elétrica (ΔQ) que flui nos condutores em determinado intervalo de tempo (Δt). Assim:

$$I = \frac{\Delta Q}{\Delta T}$$

Como a corrente elétrica é um fluxo ordenado de elétrons, existe a indicação de sentido, representado por uma seta. A carga elétrica é uma grandeza que é conservada, ou seja, nunca é possível perder corrente. Sempre que existem caminhos interligados para a passagem da corrente, ela pode se dividir, sem, contudo, perder-se (Figura 3.1).

Figura 3.1 – Indicação de corrente (setas) fluindo em condutores

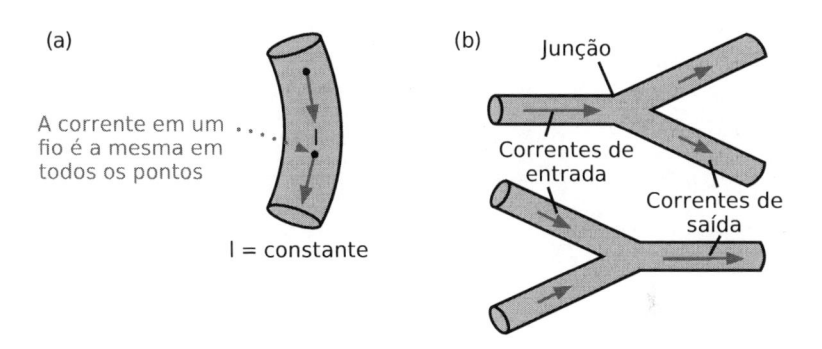

(a) A corrente em um fio é a mesma em todos os pontos
I = constante

(b) Junção
Correntes de entrada
Correntes de saída

Fonte: Knight, 2009, p. 953.

Os portadores de carga responsáveis pela corrente são os elétrons (carga negativa). Assim, se você conecta um condutor a uma bateria, pelo sentido real da corrente, os elétrons presentes no condutor se afastam do polo negativo da bateria (sentido real).

No entanto, durante o século XIX, essa informação não era conhecida (estudada). Por isso, no desenvolvimento de estudos relacionados à corrente elétrica, estabeleceu-se que a corrente fluía do polo positivo para o negativo.

Esse sentido é tido como o sentido convencional da corrente. Essa convenção em nada altera o estudo dos fenômenos relacionados à corrente elétrica e, por esse motivo, é utilizada até hoje.

Em uma corrente contínua, é comum o aparecimento de valores negativos de corrente. Nesses casos, o sinal negativo apenas indica que a corrente está apresentada em um sentido oposto ao seu sentido real no circuito (Bauer; Westfall; Dias, 2012).

Exercício resolvido

Considere que uma corrente de 15 A flui em um condutor durante 3 µs. Determine a quantidade de carga elétrica deslocada nessa condição.

Solução:
Como o problema trata de uma corrente contínua, para a solução, utilize esta relação:

$$I = \frac{\Delta Q}{\Delta t}$$

Assim:

$$15 = \frac{\Delta Q}{3 \times 10^{-6}}$$

Agora veja como determinar a quantidade de carga:

$$\Delta Q = (15)(3 \times 10^{-6})$$

$$\Delta Q = 45 \times 10^{6}$$

Considere que q(t) = 5 sen 100t C é a carga que atravessa a seção transversal de um condutor em determinado instante de tempo. A partir disso, calcule a corrente que flui nesse condutor. Você já verificou que:

$$i = \frac{dq}{dt}$$

Então, a corrente vai ser igual à derivada primeira da função da carga:

$$i(t) = (5 \text{ sen } 100t)'$$

$$i(t) = (5)(100) \cos 100t$$

$$i(t) = 500 \cos 100t \text{ A}$$

Você já sabe que a corrente é um fluxo ordenado de elétrons em corpos condutores. Agora, você precisa saber qual é a característica dos corpos que possibilita a passagem de corrente. Além disso, deve considerar que corpos condutores distintos, ainda que submetidos à mesma diferença de potencial, apresentam diferentes valores de corrente elétrica.

3.2 Corrente e condutividade

Nem todo material é suscetível à corrente elétrica. Inicialmente, para que os elétrons se movimentem em um corpo, é necessária uma força externa ao corpo que possibilite esse movimento. A diferença de potencial (ddp), ou diferença de tensão elétrica entre dois pontos, é o que provoca o movimento de elétrons (Bauer; Westfall; Dias, 2012).

A tensão elétrica é representada pela letra V e medida em volts. Um exemplo muito simples de utilização de ddp é uma bateria. Os polos positivo e negativo da bateria já indicam uma diferença de potencial elétrico, a diferença de nível energético entre os polos.

Contudo, nem todo material, quando submetido a uma ddp, possibilita a condução de corrente. Além de características físicas, relacionadas à dimensão do objeto, uma característica intrínseca à composição dos materiais indica o quanto cada um deles está sujeito ao aparecimento de corrente elétrica a partir de uma tensão aplicada.

Essa característica é conhecida como *condutividade* e é representada por σ; sua unidade no SI é $\Omega^{-1}m^{-1}$. Um material será melhor ou pior condutor de corrente de acordo com sua condutividade. Se os materiais apresentam maior condutividade, são chamados de *materiais condutores*.

Já quando sua condutividade é menor, os materiais são denominados *isolantes*. Como exemplo, considere que todas as placas feitas de cobre (a uma mesma temperatura) têm o mesmo valor de σ, mas a condutividade do cobre é diferente da do alumínio (Knight, 2009).

Quanto maior for a condutividade de um material, melhor condutor de corrente ele será. Em aplicações para a análise de circuitos elétricos, é comum a utilização da resistividade, representada pela letra ρ, com unidade Ωm no SI. A resistividade é o inverso da condutividade. Observe:

$$\rho = \frac{1}{\sigma}$$

Na Tabela 3.1, você pode verificar valores típicos de resistividade e de condutividade de alguns materiais.

Tabela 3.1 – Resistividade e condutividade de materiais condutores

Material	Resistividade (Ωm)	Condutividade ($\Omega^{-1}m^{-1}$)
Alumínio	$2,8 \times 10^{-8}$	$3,5 \times 10^7$
Cobre	$1,7 \times 10^{-8}$	$6,0 \times 10^7$
Ouro	$2,4 \times 10^{-8}$	$4,1 \times 10^7$
Ferro	$9,7 \times 10^{-8}$	$1,0 \times 10^7$
Prata	$1,6 \times 10^{-8}$	$6,2 \times 10^7$
Tungstênio	$5,6 \times 10^{-8}$	$1,8 \times 10^7$
Nicromo*	$1,5 \times 10^{-6}$	$6,7 \times 10^5$
Carbono	$3,5 \times 10^{-5}$	$2,9 \times 10^4$

*Liga de níquel-cromo usada para fabricar fios de resistência elétrica elevada e que suportam temperaturas elevadas.

Fonte: Knight, 2009, p. 955.

Os materiais condutores são aqueles que apresentam elétrons livres nas camadas de valência e, por esse motivo, o movimento da carga elétrica negativa é facilitado. Nesses materiais, que têm maior condutividade elétrica, os elétrons de condução movem-se ao acaso quando não há corrente elétrica (Bauer; Westfall; Dias, 2012).

Como os materiais já apresentam elétrons livres, dada uma diferença de potencial, essa carga elétrica segue um fluxo ordenado (corrente elétrica). A condutividade elétrica também pode ser entendida como o grau de facilidade que um material oferece à passagem de corrente elétrica.

Já a resistividade corresponde ao grau de dificuldade que um material impõe à passagem de corrente.

> **Saiba mais**
>
> Grandezas intrínsecas aos materiais, que dependem de sua composição atômica, frequentemente são apresentadas em tabelas que contêm a informação de que os valores são válidos à temperatura ambiente.
>
> Isso se deve ao fato de que, com o aumento da temperatura, essas grandezas mudam de acordo com um coeficiente de temperatura. Se você analisar a resistividade elétrica dos materiais, vai notar que a maioria deles apresenta coeficiente de temperatura positivo, ou seja, a resistividade elétrica aumenta quando a temperatura aumenta. Um exemplo típico de material com coeficiente de temperatura negativo é o carbono, cuja resistividade diminui quando há aumento de temperatura.

3.3 Lei de Ohm

Como você viu nas seções anteriores, um material condutor apresenta corrente elétrica, o movimento ordenado de elétrons, se há uma diferença de potencial elétrico que possibilite que os elétrons livres, nas camadas de valência dos átomos, desloquem-se pelo material.

Se uma quantidade de tensão (ΔV) for aplicada a um corpo condutor, uma corrente (I) fluirá por ele. Caso a quantidade de tensão nesse mesmo corpo seja aumentada, a corrente aumentará proporcionalmente (Bauer; Westfall; Dias, 2012).

Os resistores são dispositivos eletrônicos simples e passivos, cuja finalidade é transformar energia elétrica em outro tipo de energia. Por exemplo, no chuveiro elétrico, o resistor transforma energia elétrica em calor ou energia térmica; nos motores elétricos, ele transforma energia elétrica em movimento ou energia mecânica; e, nas lâmpadas, ele transforma energia elétrica em luz (Mendes, 2010).

Os resistores estão presentes em diversos circuitos elétricos, como os circuitos que compõem os chuveiros, os computadores, os ferros de passar, os televisores, entre muitos outros.

Uma característica do resistor é opor-se à passagem de corrente elétrica, limitando, assim, sua intensidade. Um resistor é representado pela letra R e medido em Ohm (Ω). A Figura 3.2, a seguir, apresenta alguns símbolos utilizados para representar os resistores em circuitos elétricos.

Figura 3.2 – Símbolos dos resistores

Fonte: Hayt Jr.; Kemmerly; Durbin, 2014.

A essa proporcionalidade dá-se o nome de *resistência elétrica*, representada pela letra R, com unidade ohm (Ω) no SI. Veja:

$$R = \frac{V}{I}$$

Ou:

$$V = RI$$

Exercício resolvido

O conhecimento das relações entre as grandezas permite o dimensionamento de circuitos a fim de atingir determinados objetivos. Considerando os elementos a seguir, dimensione o resistor R2 para que seja dissipada uma potência de 20 W.

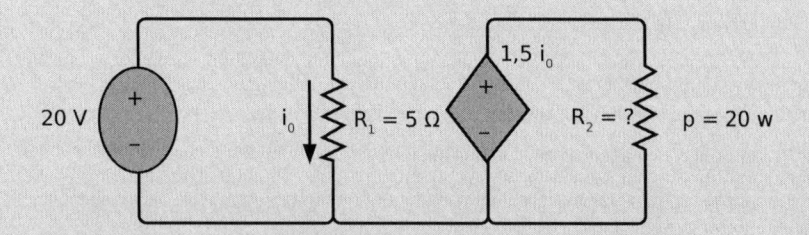

[Circuito: fonte de 20 V à esquerda, corrente i_0 através de $R_1 = 5\ \Omega$, fonte dependente de tensão $1{,}5\,i_0$, $R_2 = ?$, $p = 20\ w$]

Feedback do exercício em geral:
Para iniciar a resolução do exercício, é necessário analisar o circuito. Podemos perceber que o circuito à direita é dependente do circuito à esquerda.
Assim, é necessário calcularmos a corrente i_0 para dimensionarmos o resistor no circuito dependente.
Sabemos que a corrente em um circuito é dada por:

$$i_0 = \frac{20\,V}{5\,\Omega} = 4\,A$$

Com essa informação, podemos calcular a tensão gerada pela fonte dependente dada por:

$$v_2 = 1,5 \cdot i_0 = 1,5 \cdot 4 = 6\,V$$

Conhecendo a tensão gerada no circuito dependente, podemos calcular o resistor:

$$p = \frac{v^2}{R}$$

$$R = \frac{v^2}{p}$$

$$R = \frac{(6\,V)^2}{20\,W}$$

$$R = 1,8\,\Omega$$

Dimensionamos o resistor de modo a garantir que, se for usado um elemento com o valor calculado, a potência de 20 W será obtida.

Essa relação, que indica a proporcionalidade entre corrente e tensão em um corpo, é conhecida como *lei de Ohm*. O que define essa proporcionalidade, ou a resistência elétrica, é um conjunto de características do corpo em que a tensão é aplicada. No resistor, a tensão sobre ele é proporcional à corrente que flui através dele (Hayt Jr.; Kemmerly; Durbin, 2014). A resistência de qualquer material inclui quatro aspectos:

1. **Propriedade do material**: cada material se opõe ao fluxo de corrente.
2. **Comprimento (l)**: quanto maior for o comprimento, maior será a resistência.
3. **Área seccional (A)**: quanto maior for a área, menor será a resistência.
4. **Temperatura**: em geral, para os metais, quanto maior for a temperatura, maior será a resistência.

A resistência pode ser determinada por meio da equação:

$$R = \rho \frac{l}{A}$$

Figura 3.3 – Condutor com seção transversal uniforme

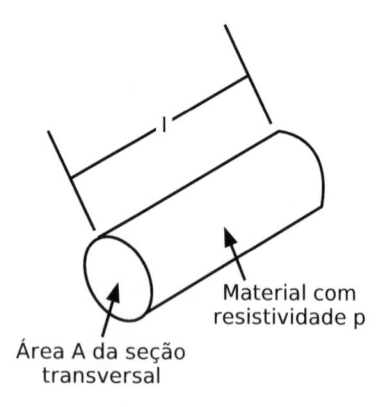

Área A da seção transversal

Material com resistividade p

Fonte: Alexander; Sadiku, 2013, p. 28.

Com base nessa relação, você pode verificar que, mantidos o comprimento e a área da seção transversal de dois corpos e variando-se a resistividade, o corpo com resistividade maior vai apresentar maior resistência elétrica, ou seja, a dificuldade de circulação de corrente será maior no elemento de maior resistividade elétrica.

Assim como a resistência elétrica depende (não exclusivamente) da resistividade, a condutividade elétrica é um fator importante para a característica de condutância elétrica. A condutância elétrica é representada pela letra G e é também definida como o inverso da resistência elétrica:

$$G = \frac{1}{R}$$

No SI, a unidade de medida de condutância elétrica é o siemens (S). Porém, também é comum que a condutância elétrica seja expressa em mho (℧), que é o símbolo da unidade ohm invertido, ou ainda Ω^{-1}. Siemens e mho são proporcionais.

De acordo com Alexander e Sadiku (2013), a tensão elétrica entre dois pontos expressa a quantidade de energia necessária para mover uma carga entre esses dois pontos, e isso define a tensão matematicamente como:

$$v = \frac{dw}{dq}$$

Em que w é a energia dada em joule, cujo símbolo é J; já a tensão elétrica é dada em volts, cujo símbolo é V.

Perceba que a unidade de volt é dada pela razão entre joule e coulomb:

$$V = \frac{J}{C}$$

Os conceitos de corrente e tensão em um condutor estão ilustrados na Figura 3.4.

Figura 3.4 – Corrente elétrica devida à força eletromotriz sobre um condutor

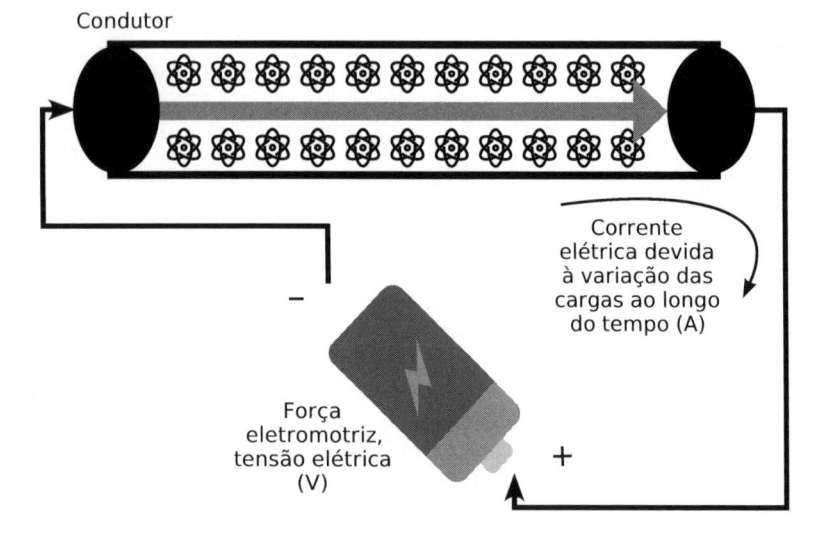

Saiba mais

No desenvolvimento de circuitos, veremos que a grafia das grandezas varia entre letras minúsculas e maiúsculas. Isso serve para expressar de maneira mais eficiente se a grandeza é constante ou se ela está variando com a passagem do tempo.

Ao grafarmos uma grandeza com a letra maiúscula, fazemos referência à grandeza constante no tempo, enquanto a letra minúscula denota grandezas que estão variando.

Entretanto, a quarta faixa nem sempre existe e, de modo geral, fica afastada das outras três. Essa faixa é chamada de *faixa de tolerância* e é expressa em porcentagem, pois indica a precisão do valor real em relação ao valor lido pelo código de cores.

A maioria dos resistores apresenta a faixa de tolerância na cor prata. Os resistores que são constituídos de filme de metal utilizam, com frequência, uma faixa com cinco cores, sendo que as três primeiras faixas coloridas são para os dígitos, a quarta faixa, para o multiplicador, e a última faixa, para a tolerância.

> **Perguntas & respostas**
>
> Suponha um resistor que apresente as seguintes cores, nesta ordem: amarelo, verde, laranja e prata.
>
> O valor desse resistor de acordo com as cores é: 45 000 com tolerância de 10%.

Ao compreendermos que a corrente é o fluxo das cargas ao longo de um fio condutor em determinado intervalo de tempo, é normal questionarmos o que põe essas cargas em movimento.

O movimento feito por elas é causado por uma força que acrescenta energia ao sistema e coloca os elétrons livres em movimento. Essa força é chamada de *tensão elétrica* ou *diferença de potencial*.

3.4 Circuitos de corrente alternada

A corrente alternada teve origem com Nikola Tesla e foi comprovada como uma forma eficaz de se transmitir corrente elétrica através de longas distâncias. Neste capítulo, abordaremos a corrente alternada (CA) e os circuitos de corrente alternada.

Primeiro, você conhecerá as características das funções senoidais, como amplitude, frequência, frequência angular e período, e, depois, a diferença entre corrente alternada e corrente contínua.

Em seguida, você verá a definição de fasores, bem como suas expressões e as transformações do domínio fasorial para o domínio do tempo, e vice-versa. Além disso, você examinará os conceitos de impedância, admitância, reatância e susceptância.

Por fim, você conhecerá as técnicas de análise para esse tipo de circuito, como a análise de malhas, a análise nodal, a superposição e os teoremas de Norton e Thévenin.

Nos Estados Unidos, no século XIX, mais precisamente no final da década de 1880, ocorreu um fato muito importante que ficou conhecido como *guerra das correntes*. Essa guerra, ou disputa, ocorreu pela distribuição da eletricidade. De um lado, encontrava-se Thomas Edison e, do outro, a corrente alternada, defendida por George Westinghouse e Nikola Tesla.

A guerra das correntes terminou com a vitória do sistema de corrente alternada, que tem a vantagem de poder diminuir ou aumentar a tensão através dos transformadores. Um sinal alternado varia no tempo e se alterna entre valores positivos e negativos, em intervalos regulares de tempo.

Trata-se de uma forma de onda cíclica, que se repete a cada ciclo completo, podendo ser senoidal, triangular ou quadrada. Em nossas casas, recebemos uma corrente do tipo alternada, a qual sofre inversão de sentido constantemente.

No Brasil, a corrente elétrica tem frequência de 60 Hz, ou seja, a transmissão de energia elétrica sofre 120 inversões a cada segundo, ou percorre o condutor 60 vezes em um sentido e 60 vezes no sentido oposto a cada segundo.

No estudo de sistemas elétricos, a forma de onda senoidal é muito importante, sendo gerada nas usinas de energia elétrica e utilizada como forma de alimentação de diversos equipamentos eletrônicos, industriais e de comunicação. A tensão ou corrente senoidal é chamada de *tensão ou corrente alternada* (CA) (Figura 3.5).

Figura 3.5 – Corrente alternada

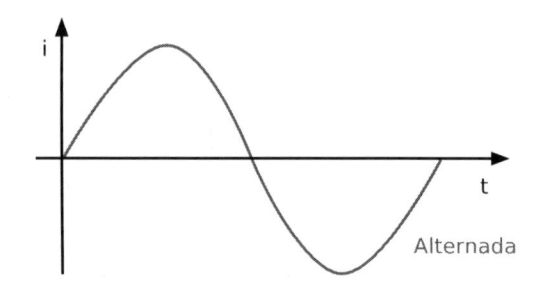

A corrente elétrica alternada é produzida em geradores de CA, que estão presentes nas usinas hidrelétricas, solares, eólicas, termoelétricas, entre outras. Com base na onda senoidal dos geradores de CA, estudaremos alguns parâmetros importantes, como período, valor instantâneo, valor médio, valor de pico e valor pico a pico. A Figura 3.6 representa a forma de onda senoidal de uma fonte de tensão. Uma tensão de CA instantânea é expressa matematicamente por:

$$v(t) = V_m \text{sen}(\omega t)$$

Em que $v(t)$ é o valor instantâneo da tensão, que varia entre dois valores V_m e $-V_m$; V_m é o valor da tensão máxima ou amplitude máxima da senoide, denominada valor de pico V_p; e ω é a velocidade angular ou frequência angular, que mede a variação do ângulo θ de um sinal senoidal em função do tempo, sendo medida em radianos por segundo (rad/s).

O intervalo entre dois picos de uma onda senoidal é chamado de *período* (T). O período T corresponde ao tempo em segundos necessário para que o sinal complete uma volta (0–2π), dado por:

$$T = \frac{2\pi}{\omega}$$

A frequência angular pode ser calculada por meio da seguinte equação:

$$\omega = 2\pi f$$

Em que *f* é a frequência, medida em hertz.

Figura 3.6 – Forma de onda senoidal

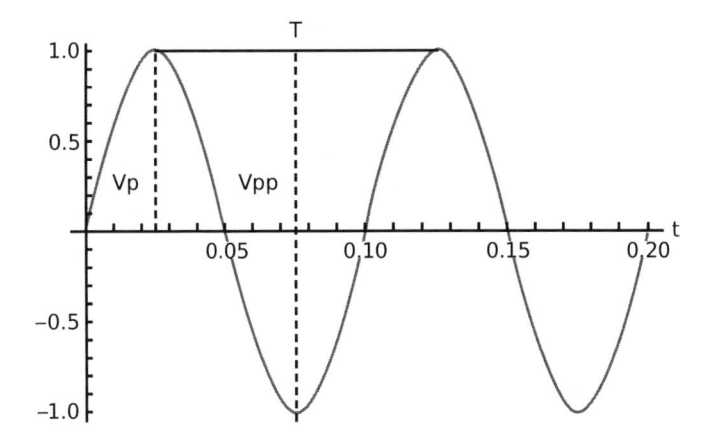

O valor V_{pp} é chamado de *valor pico a pico* e corresponde à diferença entre os valores dos picos positivo e negativo. Em uma senoide pura, o V_{pp} pode ser calculado de acordo com a equação:

$$V_{pp} = V_{m+} + |-V_{m-}| = 2V_m$$

? O que é?

O período corresponde ao número de segundos por ciclo do sinal, e o inverso desse valor corresponde ao número de ciclos por segundo ou à frequência da onda dada em hertz (Hz). Em outras palavras:

$$f = \frac{1}{T}$$

O valor eficaz V_{ef}, também conhecido como VRMS (do inglês *root mean square*, ou "raiz média quadrática", em português), de uma tensão alternada ou corrente alternada corresponde ao valor de uma tensão ou corrente contínua que, se empregado a uma resistência, faria com que esta dissipasse uma potência média igual à tensão alternada.

O valor eficaz é uma maneira de se comparar a produção de trabalho entre sistemas de correntes alternada e contínua, podendo ser obtido por meio da equação:

$$V_{RMS} = \frac{V_p}{\sqrt{2}}$$

Sabe-se que a energia elétrica é gerada e fornecida na forma alternada senoidal e que há um conjunto de fenômenos que afetam a amplitude e a forma de onda da tensão e da corrente. Assim, é muito importante conhecer os parâmetros que compõem uma onda senoidal para que se possa garantir a qualidade da energia elétrica que é entregue aos consumidores.

Conforme uma das definições de qualidade de energia, para se obter uma excelente qualidade de energia elétrica, um sistema elétrico deve caracterizar-se "pelo fornecimento de energia em tensão com forma de onda senoidal pura, sem alterações em amplitude e frequência" (Rocha, 2016, p. 3).

Em circuito de CA, a resistência elétrica é o único componente que impede o fluxo da corrente elétrica. Contudo, quando se está trabalhando com corrente alternada, há outros componentes, além do resistor, que levam o fluxo de corrente no circuito, como os indutores e os capacitores.

A razão entre a tensão e a corrente no circuito de CA é denominada *impedância*, definida como a capacidade de um circuito de resistir ao fluxo da corrente elétrica quando se aplica uma tensão elétrica em seus terminais. Em outras palavras, a impedância é a carga total resistiva de um circuito de CA. Em um circuito, a impedância pode ter três componentes:

1. Z_R, resistência (R): $Z_r = \dfrac{V_0}{I_0}$

2. Z_C, reatância capacitiva (X_C): $Z_c = X_c = \dfrac{V_0}{I_0} = \dfrac{1}{\omega C}$

3. Z_L, reatância indutiva (X_L): $Z_L = X_L = \dfrac{V_0}{I_0} = \omega L$

Os indutores e os capacitores também se opõem ao fluxo de corrente. A essa oposição dá-se o nome de *reatância*, que deve ser combinada com a resistência para se encontrar a impedância.

A reatância produzida por indutor é proporcional à frequência da corrente alternada, ao passo que a reatância produzida pela capacitância é inversamente proporcional à frequência.

Quando há reatância indutiva ou capacitiva presente no circuito, utiliza-se a lei de Ohm para incluir a impedância total no circuito. O significado de impedância elétrica pode ser entendido aplicando-se a lei de Ohm, conforme a equação:

$$I = \dfrac{V}{Z}$$

Em que I e V são, respectivamente, corrente e tensão; e Z é a impedância. Contudo, há casos em que o sinal senoidal pode não começar em zero (ts = 0). Nesse caso, diz-se que a onda apresenta uma defasagem (θ) em relação ao eixo vertical, que pode ser à esquerda ou à direita. A fase afeta a impedância, já que os capacitores e os indutores diferem em fase a partir dos componentes resistivos de 90°. Observe a equação a seguir:

$$v(t) = V_m \text{sen}(\omega t + \theta)$$

A corrente que atravessa e a queda de tensão que ela provoca em um circuito resistivo estão em fase, e os valores de pico de tensão e correntes são relacionados pela lei de Ohm.

Em um circuito indutivo, o indutor é descrito por uma oposição à variação de corrente, de modo que ele sempre provoca um atraso de 90° da corrente em relação à tensão.

Por fim, o capacitor se comporta em oposição à variação de tensão, de forma que a tensão no capacitor está sempre atrasada em 90° em relação à corrente, ou seja, no circuito capacitivo, a corrente está 90° adiante em relação à tensão.

Nesta seção, você estudou corrente e tensão alternada e conheceu todos os parâmetros de uma onda senoidal, já que ela é utilizada para representar tanto a corrente quanto a tensão. Além disso, você viu as definições de impedância e reatância e como a fase interfere nesses valores. Na próxima seção, você conhecerá as diferenças entre as correntes contínua e alternada, bem como verá outra maneira de representar um sinal senoidal, isto é, por meio de fasores (Sadiku; Musa; Alexander, 2014).

3.5 Corrente alternada x corrente contínua

A corrente elétrica pode ser definida como um fluxo de elétrons ordenados que passam por um fio. Assim, a corrente contínua nada mais é do que o movimento dos elétrons em um sentido único.

Esse tipo de corrente é gerado por pilhas, baterias, painéis solares, entre outros, utilizados em circuitos de baixa tensão, como celulares e aparelhos eletrônicos.

Os aparelhos eletrônicos que funcionam em corrente contínua dispõem de transformadores internos, que transformam a corrente alternada que chega pela tomada em contínua. Quando os elétrons mudam de direção constantemente (isto é, deslocam-se em duas direções alternadamente), trata-se de uma corrente alternada.

Em virtude dessas diversas inversões de sentido, não é possível identificar, em uma tomada, qual dos polos é positivo e qual é negativo. A Figura 3.7, a seguir, representa o gráfico de tensões ou correntes alternada e contínua.

Figura 3.7 – Correntes contínua e alternada

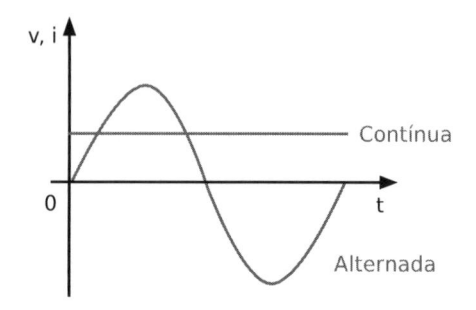

A corrente alternada apresenta uma grande vantagem em relação à corrente contínua, pois ela pode ser transmitida por longas distâncias mais facilmente. Além disso, sua tensão pode ser elevada ou diminuída por meio de transformadores. Por exemplo, a energia que abastece sua casa é produzida por uma usina elétrica e percorre muitos quilômetros até chegar à tomada.

Essa energia sai das usinas com uma tensão próxima de 750 kV, passa por subestações e transformadores e chega às tomadas com uma tensão de 110 ou 220 V. Se a energia é transmitida através de corrente alternada, ela não perde muita força no trajeto.

Para saber mais

Para aprofundar seus conhecimentos sobre a variação de corrente, assista ao vídeo Super Slow Motion: Light Bulb Turning on, do canal GE Research, no YouTube, que mostra uma lâmpada acendendo em câmera lenta.

SUPER Slow Motion: Light Bulb Turning on. **GE Research**, 3 jun. 2010. Disponível em: <https://www.youtube.com/watch?v=deXOk6G5ALs>. Acesso em: 30 jul. 2021.

Contudo, se os sistemas de transmissão fossem em corrente contínua, precisaríamos de uma usina em cada região para fornecer eletricidade às residências.

3.6 Fasores

Os circuitos de CA são variantes no tempo, razão pela qual são mais difíceis de serem analisados no domínio do tempo, o que leva à necessidade de um modelamento em equações diferenciais.

Uma maneira de facilitar a resolução e de representar um sinal senoidal é por meio dos fasores. Um fasor nada mais é do que um vetor que gira no sentido anti-horário com velocidade ω, dada em radianos por segundo, e que apresenta amplitude igual ao valor de pico, V_p, ou igual ao valor eficaz, VRMS, do sinal.

Quando a extremidade do vetor estiver na origem do plano cartesiano x – y, podem ser traçadas as projeções x e y de cada instante (Figura 3.8).

Figura 3.8 – Diagrama fasorial

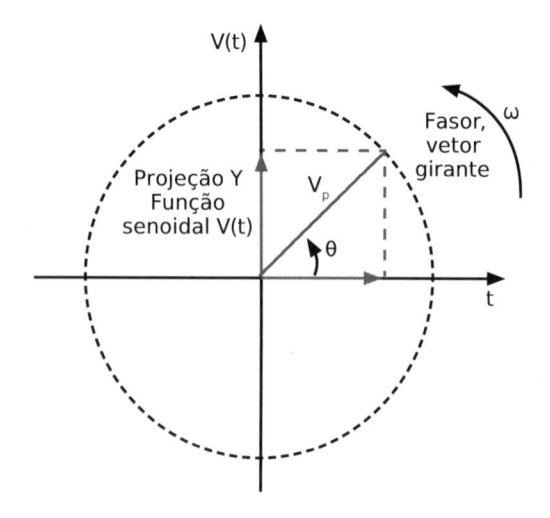

Alguns pontos importantes merecem atenção:

- Um fasor sempre deve estar associado a uma frequência.
- A impedância não é um fasor, pois é um vetor que não gira; já a tensão e a corrente são fasores, pois são girantes.
- Em muitos livros de sistemas elétricos de potência, os fasores são utilizados com valor eficaz, ao passo que em livros de eletrônica é mais utilizado o valor de pico.

Perguntas & respostas

Desenhe o diagrama fasorial da seguinte tensão:

$$V(t) = 25\,\text{sen}\left(\omega t + \frac{\pi}{6}\right)$$

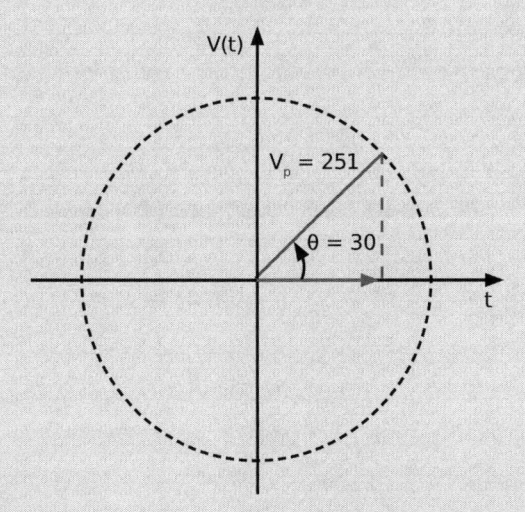

$V_p = 251$

$\theta = 30$

3.7 Circuitos de corrente alternada

Como visto, é possível representar sinais senoidais de tensão e de corrente alternada por meio das expressões matemáticas no domínio do tempo:

- Tensão instantânea: $v(t) = V_p \operatorname{sen}(\omega t \pm \theta)$;
- Corrente instantânea: $i(t) = I_m \operatorname{sen}(\omega t \pm \theta)$.

Para um dispositivo resistivo, a corrente que o atravessa e a queda de tensão que ela provoca estão em fase, como pode ser visto na Figura 3.9a. Nesse caso, os valores de pico de tensão e corrente são relacionados pela lei de Ohm.

Além disso, o valor da resistência não é influenciado pela frequência do sinal de alimentação aplicado.

Para o circuito indutivo, o comportamento do indutor é caracterizado por uma oposição à variação de corrente, por isso ele sempre provoca um atraso de 90° da corrente em relação à tensão, como pode ser visto na Figura 3.9b.

Para o circuito capacitivo, ao contrário do indutor, o capacitor se comporta em oposição à variação de tensão; portanto, diz-se que a tensão no capacitor está sempre atrasada em 90° em relação à corrente.

Assim, a corrente está sempre adiantada em 90° em relação à tensão, como pode ser visto na Figura 3.9c. Desse modo, é possível representar a corrente e a tensão nos elementos resistor, indutor e capacitor na forma fasorial, por meio de um gráfico, chamado de *diagrama fasorial*.

Figura 3.9 – Diagrama fasorial de um circuito resistivo (a), indutivo (b) e capacitivo (c)

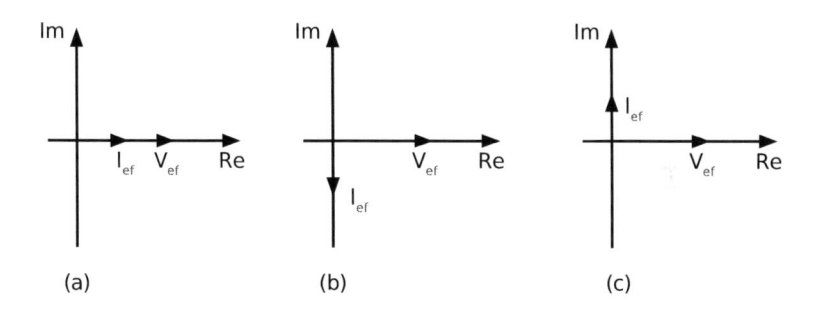

(a) I_{ef}, V_{ef} no eixo Re

(b) V_{ef} no eixo Re, I_{ef} no eixo Im negativo

(c) I_{ef} no eixo Im positivo, V_{ef} no eixo Re

A Tabela 3.2, a seguir, apresenta as relações entre tensões e correntes.

Tabela 3.2 – Relações entre tensões e correntes

Componente	Domínio do tempo	Domínio da frequência
R	$V = Ri$	$V = RI$
L	$V = L\dfrac{di}{dt}$	$V = jwLI$
C	$i = C\dfrac{dV}{dt}$	$V = \dfrac{I}{jwC}$

Fonte: Alexander; Sadiku, 2013, p. 113.

Como visto, nos circuitos que são atravessados por corrente contínua, a resistência é definida como a tensão sobre a corrente; assim, a corrente é calculada por meio da lei de Ohm. Já em corrente alternada, a relação entre tensão e corrente é calculada utilizando-se fasores, e o resultado encontrado normalmente é um número complexo. Em corrente alternada, temos a seguinte equação:

$$Z = \frac{\hat{V}}{\hat{I}} = R + jX$$

Em que Z é a impedância do dispositivo, e $\hat{V}$ e $\hat{I}$ são os fasores da tensão e da corrente. A parte real R é o componente resistivo ou dissipativo da impedância, ao passo que a parte imaginária X é o componente reativo da impedância, chamado de *reatância*, que representa a parte de armazenamento de energia da impedância.

A condutância é o inverso da resistência elétrica. A reatância pode ser positiva ou negativa. Se X for positivo, diz-se que a reatância será indutiva; se X for negativo, diz-se que a reatância será capacitiva. A impedância, a reatância e a resistência são todas medidas em ohms.

Saiba mais

Pode-se aplicar a lei de Ohm tanto no domínio do tempo quanto no domínio da frequência, ou seja, a tensão em um resistor é sempre dada pela resistência vezes a corrente que flui pelo circuito.

A condutância é a propriedade que um corpo apresenta em relação à passagem da corrente elétrica, sendo definida como o inverso da resistência elétrica. Materiais que são isolantes ou dielétricos têm uma resistência elétrica alta, de modo que apresentam uma baixa condutância. Já os materiais com resistência menor têm uma condutância elevada, permitindo uma melhor circulação da corrente. A admitância é uma grandeza complexa, portanto apresenta uma parte real G, chamada de *condutância*, e uma parte imaginária B, chamada de *susceptância*; pode-se defini-la como o inverso da impedância. A impedância Z representa uma oposição ao fluxo de corrente alternada; já a admitância Y representa a habilidade que um condutor tem de conduzir a corrente alternada. A admitância é dada pelas seguintes equações:

$$Y = \frac{1}{Z}$$

$$Y = G + jB$$

A unidade de medida tanto da condutância quanto da susceptância é o siemens (S) (Hayt Jr.; Kemmerly; Durbin, 2014). A susceptância é o inverso da reatância.

Exercício resolvido

Determine o equivalente de Thévenin em relação aos terminais A e B e o equivalente de Norton representado na figura a seguir.

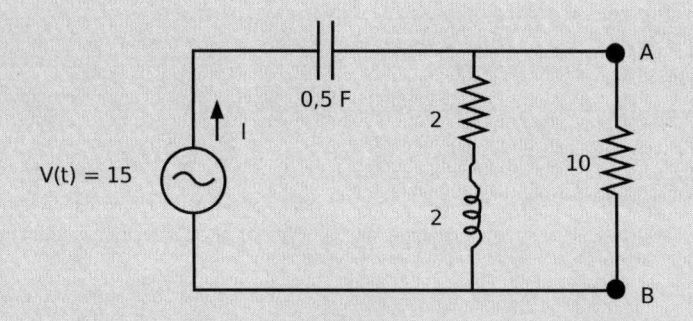

Feedback **do exercício em geral**:

Para o cálculo do equivalente de Thévenin, a carga entre os pontos A e B será retirada.

Da fonte de tensão, temos que: $V_p = 15$ V e $\Omega = 1$ rad/s.
Em notação de fasores:

$$V_{RMS} = \frac{15}{\sqrt{2}} = 10,60 \text{ V}$$

Agora, calcule a impedância dos componentes do circuito:

$$Z = \frac{1}{j\omega C} = \frac{1}{j1 \cdot 0,5} = \frac{1}{5 \cdot 10^{-1} j} = \frac{10}{5j} \cdot \frac{j}{j} = -2j$$

$$Z = R + j\omega L = 2 + 2j$$

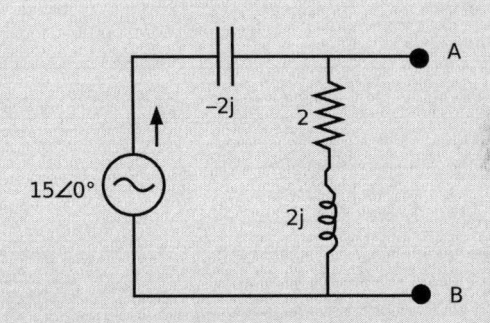

De acordo com a figura anterior, calcule a corrente I por meio da lei de Ohm:

$$\hat{I} = \frac{\hat{V}}{Z} = \frac{10,60}{-2j+2+2j} = 53,0° \text{ A}$$

A tensão equivalente de Thévenin é a queda de tensão entre os pontos A e B; portanto, entre a impedância a tensão é de 2 + 2j.

$$Z = 2 + 2j = 2,82 \; 45° \; \Omega$$

$$\sqrt{(2)^2 + (2)^2} = 2,82$$

$$2 = 2{,}82 \cdot \cos\theta$$

$$\cos\theta = 0{,}707$$

$$\arccos(0{,}707) = \cos^{-1} = 45°$$

$$\hat{V}_{th} = V_{AB} = Z \cdot \hat{I} = 5{,}30° \cdot 2{,}82 \cdot 45°$$

$$\hat{V}_{th} = 14{,}95\ 45°$$

A impedância vista pelos terminais A e B é equivalente à de Thévenin, sendo calculada por:

$$Z_{th} = \frac{(-2j)(2+2j)}{-2j+2+2j} = \frac{-4j-4j^2}{2} = -2j - 2j^2\ \Omega$$

Portanto, o equivalente de Thévenin fica do seguinte modo:

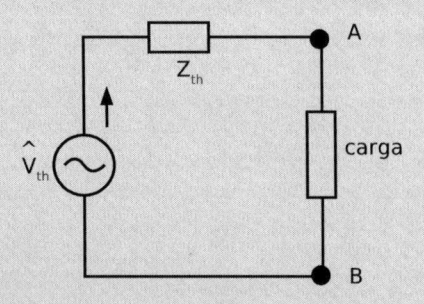

Para determinar o equivalente de Norton, calcule a corrente. Para isso, é preciso aplicar um curto-circuito aos terminais A e B, conforme a figura a seguir.

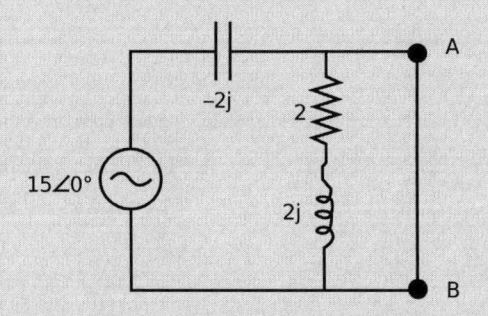

Dessa forma, temos que:

$$I_{NORTON} = \frac{150°}{-2j} = 7{,}5 \angle 90° \, A$$

A impedância equivalente de Norton é igual à de Thévenin. Assim, o circuito equivalente de Norton é dado por:

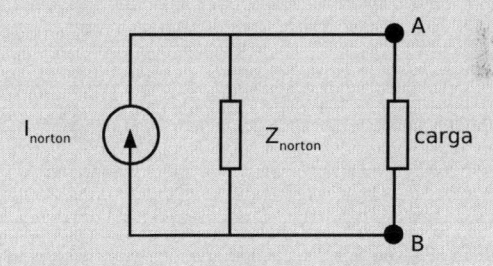

3.8 Fórmulas da lei de Ohm e das potências

Por definição, a lei de Ohm estabelece que a tensão sobre um material condutor é diretamente proporcional à corrente que flui sobre o material, conforme Hayt Jr., Kemmerly e Durbin (2014). Ou seja;

$$V = R \cdot i$$

Em que a constante de proporcionalidade R é denominada de *resistência*, e a unidade de resistência é o ohm ou Ω.

Representando a equação linear acima graficamente em i × v, a Figura 3.10 ilustra o resultado de uma reta que passa pela origem; portanto, consideramos o resistor como um resistor linear.

Aplicando-se a lei de Ohm, conforme a equação anterior, devemos ficar atentos ao sentido da corrente *i* e à polaridade da tensão *v*, que devem estar de acordo com a convenção de sinal passivo, ilustrada na Figura 3.10, implicando que a corrente passa de um potencial superior (+) para um mais inferior (−), de forma que v = iR. Caso a corrente flua de um potencial inferior (−) para um potencial superior (+), teremos v = −iR, conforme indica a Figura 3.10.

Figura 3.10 – Relação corrente-tensão para um resistor linear

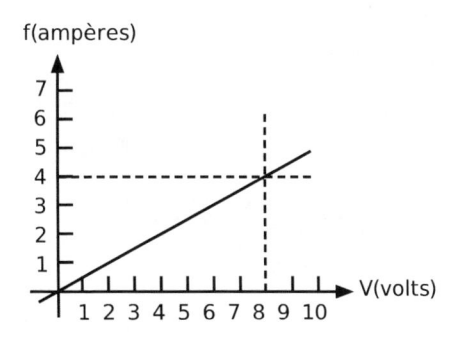

f(ampères)

1 2 3 4 5 6 7 8 9 10 V(volts)

Fonte: Hayt Jr.; Kemmerly; Durbin, 2014, p. 24.

Calcular a potência é importante para a análise de circuitos porque, muitas vezes, o resultado útil do sistema não é expresso em termos de tensão e corrente, mas em termos de potência. Segundo a física básica, por definição, potência é a taxa de variação temporal de gasto ou absorção de energia, conforme Nilsson e Riedel (2009). A energia por unidade de tempo é expressa, matematicamente, na forma de uma derivada. Assim:

$$p = \frac{dw}{dt}$$

Em que:
- p = potência em watts (W);
- w = energia em joules (J);
- t = tempo em segundos (s).

Dessa forma, 1 W é equivalente a 1 J/s. Relacionando a potência e a energia com a tensão e a corrente, temos que a potência associada ao fluxo de carga decorre diretamente da definição de tensão e corrente nas equações:

$$p = \frac{dw}{dt} = \left(\frac{dw}{dq}\right)\left(\frac{dq}{dt}\right)$$

Assim:

$$p = v \cdot i$$

Em que:
- p = potência em watts (W);
- v = tensão em volts (V);
- i = corrente em ampère (A).

Saiba mais

O sentido da corrente e a polaridade da tensão desempenham um papel fundamental na determinação do sinal da potência. Se uma corrente positiva entra no terminal positivo, então uma força externa deve estar excitando a corrente e, dessa forma, fornecendo energia ao elemento. Nesse caso, o elemento está absorvendo energia. Se uma corrente positiva sai pelo terminal positivo (entra pelo negativo), então o elemento está entregando energia ao circuito externo (Figura A).

Figura A – Polaridades referenciais para potência usando-se a conversão do sinal passivo: absorção de potência (a) e fornecimento de potência (b)

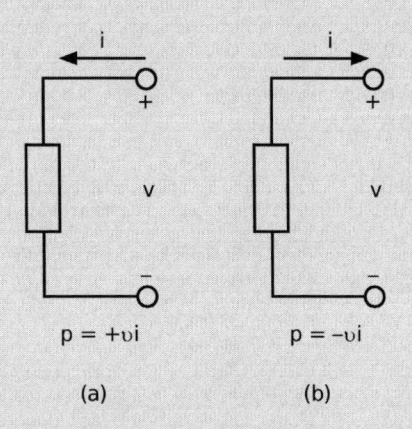

$p = +vi$ (a) $p = -vi$ (b)

Fonte: Alexander; Sadiku, 2013, p. 10.

3.9 Tensão

Cargas em um condutor, ou elétrons livres, podem mover-se aleatoriamente. Entretanto, se quisermos um movimento orientado de cargas, denominado *corrente elétrica*, devemos aplicar uma diferença de potencial (ddp), ou tensão, nos terminais desse condutor. Dessa forma, um trabalho é realizado sobre as cargas. Conforme definem Sadiku, Musa e Alexander (2014), tensão (ou diferença de potencial) é a energia necessária para mover 1 coulomb de carga através de um elemento, medida em volts (V). Expressamos essa razão em forma diferencial como:

$$V_{AB} = \frac{W}{Q}$$

Em que:
- W = energia em joules (J);
- Q = carga em coulombs (C).

A Figura 3.11 ilustra a tensão V_{ab} sobre um elemento conectado entre os pontos *a* e *b*. A polaridade da tensão é representada pelos sinais positivo (+) e negativo (–).

Figura 3.11 – Polaridade da tensão V_{ab}

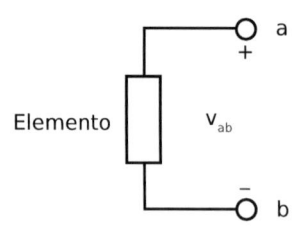

Fonte: Sadiku; Musa; Alexander, 2014, p. 11.

A Figura 3.11 mostra a tensão V_{ab} indicada de duas formas: na primeira, o ponto *a* está em um potencial superior ao do ponto *b*, sendo, nesse caso, $V_{ab} = 9$ V (Figura 3.12a); na segunda forma, o ponto *b* está em um potencial superior ao do ponto *a*, ou seja, nesse caso, V_{ab} é igual a –9 V (Figura 3.12b). Logo, a Figura 3.12 mostra duas representações para a mesma tensão:

$$V_{ab} = -V_{ba}$$

Figura 3.12 – Duas representações equivalentes para a mesma tensão V_{ab}: (a) o ponto *a* está 9 V acima do ponto *b*; (b) o ponto *b* está −9 V abaixo do ponto *a*

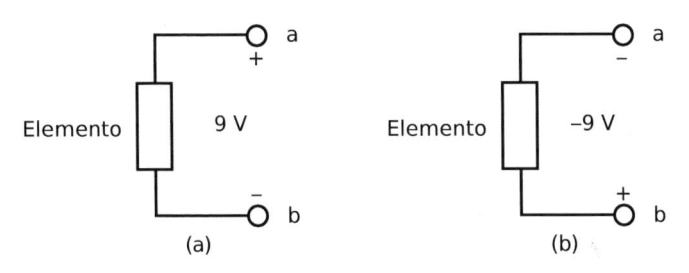

Fonte: Sadiku; Musa; Alexander, 2014, p. 11.

Exercício resolvido

Sabendo que a corrente e a tensão em um circuito são apresentadas pelos gráficos a seguir, calcule e expresse graficamente a potência para esse mesmo circuito.

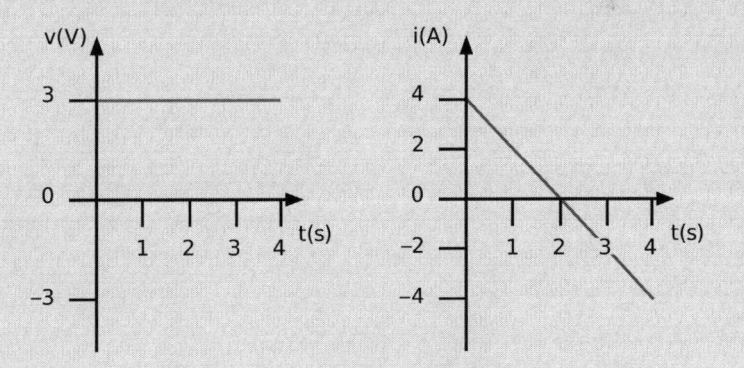

Feedback **do exercício em geral:**

Como visto anteriormente, a potência pode ser calculada pela seguinte expressão:

$$p = v \cdot i$$

Para representar a potência graficamente, é preciso calcular a potência para alguns pontos. Vamos calcular a potência para o intervalo de 1 s. A partir disso, obtemos a tabela a seguir.

Tabela A – Valores da potência para o intervalo de 1 s

Tempo	0	1	2	3	4
Tensão	3 V	3 V	3 V	3 V	3 V
Corrente	4 A	2 A	0	–2 A	–4 A
Potência	12 W	6 W	0	–6 W	–12 W

Esboçando esses valores em um gráfico, obtemos o resultado mostrado a seguir.

Figura A – Representação gráfica dos valores da potência para o intervalo de 1 s

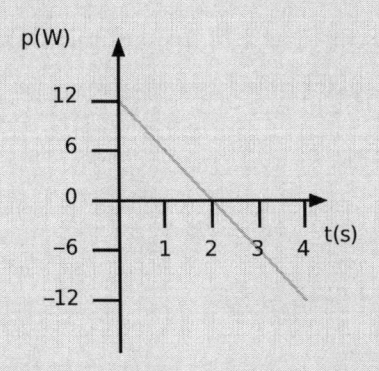

```
p(W)
 12 ─
  6 ─
  0 ─┼──┬──┬──┬──┬──► t(s)
 -6 ─   1  2  3  4
-12 ─
```

Como podemos observar, por causa da tensão constante, o gráfico apresenta a mesma tendência da corrente, e a diferença está na magnitude devido à multiplicação entre as duas grandezas.

Síntese

- O conceito de corrente elétrica basicamente se torna fundamental para compreender a eletrodinâmica, pois se trata de cargas elétricas em movimento.
- É de grande importância saber utilizar a lei de Ohm para poder entender o conceito de corrente elétrica.

- É necessário saber diferenciar os cálculos e os conceitos de corrente, tensão, potência e condutividade.

- É preciso compreender que a eletrodinâmica está presente em nosso dia a dia, por isso temos de saber como utilizar e calcular as grandezas relacionadas a ela.

Lei de Faraday e lei de Lenz

4

Conteúdos do capítulo:

- Equação de Maxwell do eletromagnetismo.
- Equação de Maxwell na forma diferencial.
- Lei de Gauss.
- Lei de Faraday.
- Lei de Ampère-Maxwell.
- Experimento de Faraday.
- Lei de Lenz.

Após o estudo deste capítulo, você será capaz de:

1. definir e entender as equações de Maxwell;
2. entender as lei do eletromagnetismo;
3. identificar as diferentes leis;
4. entender o cálculo envolvido.

Neste capítulo, veremos que James Clerk Maxwell detectou incongruências na formulação original da lei de Ampère. Ao concluir que a variação do campo elétrico também era capaz de induzir campo magnético, postulou o que conhecemos como *corrente de deslocamento* e forneceu o elemento final à equação desenvolvida por Ampère, possibilitando um elo indissociável entre os campos elétricos e magnéticos.

Desse modo, neste capítulo, abordaremos as chamadas *equações de Maxwell*. A maior parte dessas equações você deve ter visto individualmente, mas foi Maxwell o responsável por relacioná-las e, assim, conceber uma teoria completa para explicar todos os fenômenos do eletromagnetismo e a formulação integral delas para, em seguida, derivar as equações em sua forma diferencial.

Por fim, mostraremos como sintetizar as equações, evidenciando que, a partir delas, é possível obter uma equação de onda, que é o princípio para entender como as ondas eletromagnéticas se comportam.

4.1 Equações de Maxwell do eletromagnetismo

Grande parte dos avanços científicos do último século ocorreu a partir do entendimento do eletromagnetismo e das ondas eletromagnéticas. Tivemos o desenvolvimento de motores, de geradores e sistemas de transmissão e distribuição de energia elétrica, de equipamentos eletrônicos e de telecomunicações.

Os estudos dos efeitos biológicos da radiação e os tratamentos médicos baseados em radiação eletromagnética, a expansão da compreensão do Universo fora do visível e, até mesmo, a descoberta da estrutura helicoidal da molécula de DNA só foram possíveis graças à compreensão da física do eletromagnetismo (Bauer; Westfall; Dias, 2012).

Em seu estudo sobre os princípios da eletricidade e do magnetismo, você tomou conhecimento da aplicação de diversas leis importantes para solucionar os problemas do dia a dia e foi capaz de utilizá-las de forma conjunta ao tratar de problemas mais complexos.

No entanto, originalmente, esses cientistas não formularam suas descobertas da mesma maneira que você já deve tê-las estudado. Cada um deles utilizava as ferramentas matemáticas e os conceitos que tinham à disposição em sua época.

Maxwell, cientista brilhante do século XIX, foi quem contribuiu para a forma final da teoria moderna do eletromagnetismo, concatenando as contribuições de cada pesquisador em uma teoria sólida, capaz de explicar todos os fenômenos observados e conhecidos (Knight, 2009). Relembre, a seguir, cada uma dessas equações e seu significado físico.

4.1.1 Lei de Gauss para o campo elétrico

Ao estudar como as cargas elétricas interagem entre si, as forças elétricas, o campo e o potencial elétrico, certamente, você se deparou com a lei de Gauss, expressa na seguinte equação:

$$\int_v \vec{E} \cdot \vec{ds} = \frac{q_{env}}{\varepsilon_0}$$

Toda carga elétrica tem um campo elétrico $\vec{E}$ característico e que atua em todo o espaço que a cerca. Esse campo elétrico foi definido como uma função vetorial relacionada à força que determinada carga sente ao ser posicionada outra carga-teste em um ponto do espaço.

Cargas elétricas positivas geram campos elétricos radiais e que divergem de sua origem, "saindo" da carga. Já em cargas elétricas negativas, as linhas de campo apontam em sua direção, "entrando" na origem, como mostrado na Figura 4.1, a seguir.

Figura 4.1 – Linhas de campo elétrico produzidas por uma carga elétrica positiva (a) e linhas de campo elétrico produzidas por um dipolo elétrico (b)

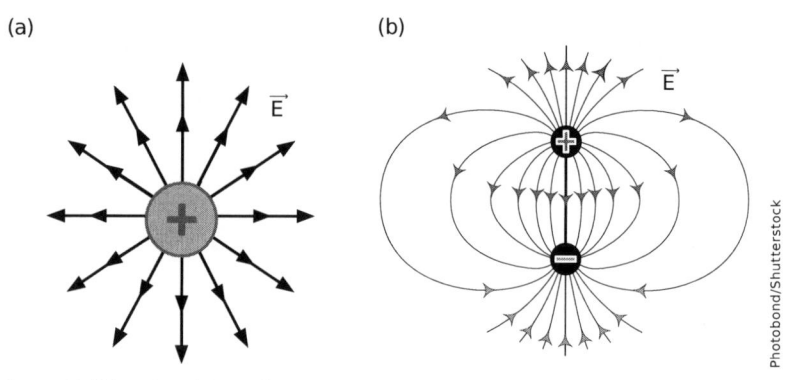

(a) (b)

Fonte: Halliday; Resnick; Walker, 2014, p. 95.

Se você envolver as cargas, ou uma parcela delas, por uma superfície qualquer Γ, o fluxo do campo elétrico que atravessa essa superfície fechada será diretamente proporcional à carga líquida nela contida.

Essa afirmação é o que você deve interpretar da equação da lei de Gauss. O termo da esquerda ($\int_\Gamma \vec{E} \cdot d\vec{S}$) é igual ao fluxo do campo elétrico, ΦE, e o termo da direita é a soma de toda a carga elétrica envolvida pela superfície. Essa formulação será útil principalmente quando você souber como as cargas ou a densidade de cargas estão distribuídas em uma região do espaço e o problema apresentar simetrias.

Exercício resolvido

Uma casca esférica é carregada com uma carga total Q = 20 C. Sabendo que o raio da esfera é R = 15 cm, determine o campo elétrico tanto na região interna quanto na região externa à casca.

Feedback do exercício em geral:
Utilizando a lei de Gauss e observando a simetria esférica, temos que:

$$\int_\Gamma \vec{E} \cdot \vec{ds} = \frac{q_{env}}{\varepsilon_0}$$

Em que Γ é escolhida como uma superfície esférica, concêntrica à casca e de raio r. Inicialmente, analisamos a região interna à casca carregada (r < R) e, em seguida, a região externa (r > R).

- Para r < R:
Como toda a carga está concentrada na casca, na região interna, não há nenhuma carga envolvida pela superfície. Logo:

$$\int_\Gamma \vec{E} \cdot \vec{ds} = 0$$

$$\vec{E} = 0$$

- Para r > R:
Quando a superfície escolhida tem um raio r maior que o da casca, isso significa que toda ela é envolvida.

Desse modo, a carga envolvida é a carga líquida total:
$q_{env} = Q = 20\ \mu C$. Logo:

$$\int_\Gamma \vec{E} \cdot \vec{ds} = \frac{q_{env}}{\varepsilon_0}$$

$$E = \frac{q_{env}}{4\pi\varepsilon_0 r^2} = \frac{20 \cdot 10^{-6}}{4\pi(8,85 \cdot 10^{-12}) \cdot (0,15)^2} = 8,0 \cdot 10^6\ N/C$$

Portanto:

$$\vec{E} = 8,0 \cdot 10^6 \hat{a}_r\ N/C$$

O campo elétrico aponta na direção radial ($\hat{a}_r$) e para fora da casca, já que a carga é positiva. A unidade do campo elétrico pode, também, ser representada por V/m.

4.1.2 Lei de Gauss para o campo magnético

Como vimos, cargas elétricas são fontes de campo elétrico. No entanto, você certamente se lembra de que não existem cargas magnéticas (monopolos magnéticos), mas apenas os dipolos magnéticos como responsáveis pela geração de campo magnético, que podem ser ímãs permanentes ou cargas em movimento, como mostrado na Figura 4.2, a seguir.

Figura 4.2 – Linhas de campo magnético produzidas por um dipolo magnético

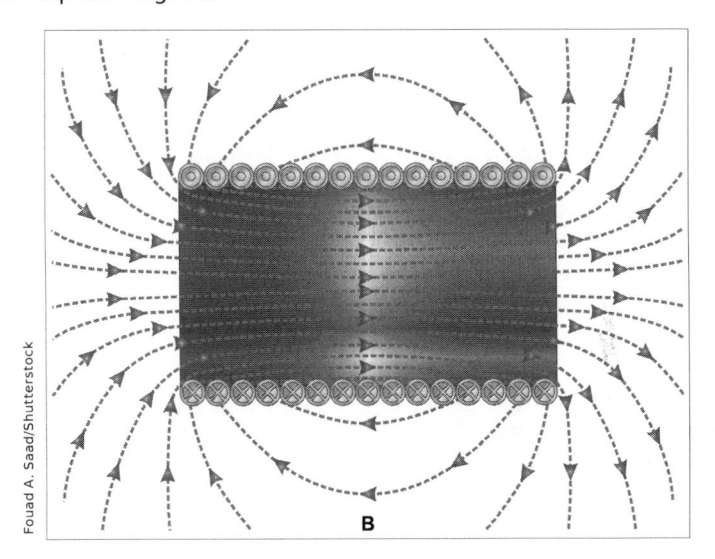

Fonte: Halliday; Resnick; Walker, 2014, p. 102.

Baseando-se no mesmo princípio da lei de Gauss para o campo elétrico, para qualquer superfície Γ que você escolher para envolver um dipolo magnético, será possível perceber que as linhas de campo magnético que atravessam a superfície gaussiana de um lado retornarão do outro, resultando em uma soma nula. Dessa forma:

$$\int_{\Gamma} \vec{B} \cdot \vec{ds} = 0$$

Essa é a representação matemática para a lei de Gauss do magnetismo.

4.1.3 Lei de indução de Faraday-Lenz

Quando o fluxo de campo magnético varia no tempo em uma espira condutora, uma força eletromotriz é observada, fazendo com que uma corrente elétrica seja detectada circulando o fio.

Essa FEM é resultado do campo elétrico induzido, que percorre uma trajetória fechada em direção oposta à da regra da mão direita, a partir do sentido de variação do campo magnético, como mostrado na Figura 4.3.

Figura 4.3 – A variação do campo magnético, que aumenta na direção que aponta para dentro da página, induz campo elétrico no sentido anti-horário, oposto ao sentido dado pela regra da mão direita

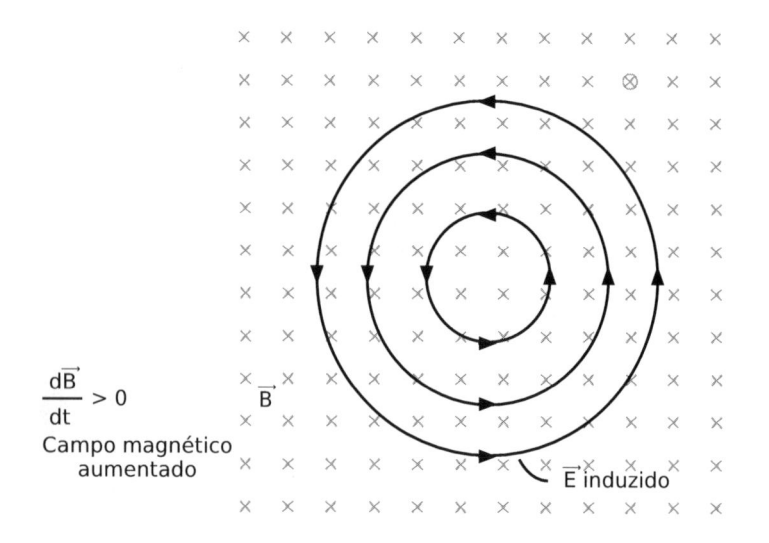

$\dfrac{d\vec{B}}{dt} > 0$
Campo magnético aumentado

$\vec{B}$

$\vec{E}$ induzido

Fonte: Halliday; Resnick; Walker, 2014, p. 110.

A lei de Faraday-Lenz pode ser representada matematicamente por:

$$\varepsilon_{ind} = \oint \vec{E} \cdot \vec{dl} = -\frac{d\Phi_B}{dt} = -\frac{d}{dt}\int \vec{B}\cdot\vec{ds}$$

Os termos da esquerda estão relacionados à FEM induzida, que é igual à circulação de campo elétrico em uma curva fechada. Já o lado direito diz respeito à variação do fluxo magnético.

Ou seja, em uma superfície Γ delimitada pela curva γ, se houver variação da quantidade de linhas de campo magnético que a atravessam, seja por conta de um circuito móvel, seja por conta de um circuito em rotação, seja pela variação da fonte desse campo, haverá variação de fluxo.

A lei de indução de Faraday-Lenz tem diversas aplicações práticas, fazendo parte do princípio de funcionamento de motores e geradores de energia, transformadores e diversos dispositivos eletromecânicos.

Exercício resolvido

Um campo magnético senoidal, de amplitude $B_{máx} = 2{,}0$ mT e frequência $f = 60$ Hz, atravessa o interior de um solenoide de 100 espiras e raio $r = 1{,}0$ cm. Qual é a FEM induzida no solenoide?

Feedback do exercício em geral:

Utilizando a lei de Faraday-Lenz e observando a simetria cilíndrica do solenoide, temos que:

$$\varepsilon_{ind} = -\frac{d\Phi_B}{dt} = -\frac{d}{dt}\int \vec{B}\cdot\vec{ds}$$

Como B é senoidal, a expressão matemática que o representa é:

$$B(t) = B_{máx}\,sen(2\pi ft) = 2{,}0\,sin(377t)\,[mT]$$

Logo:

$$\Phi_B = \int \vec{B}\cdot\vec{ds} = B\cdot A = 2\cdot 10^{-3}\,sen(377t)\cdot(\pi\cdot 0{,}1)^2$$

$$\Phi_B = 2\pi\,sen(377t)\,[10^{-5}\,Nb]$$

Por fim, a FEM induzida é:

$$\varepsilon_{ind} = -N\frac{d\Phi_B}{dt} = -(100)\cdot 2\pi\cdot(377)\cdot cos(377t)\cdot 10^{-5}$$

$$\varepsilon_{ind} = -2{,}37\,cos(377t)\,[V]$$

A variação do fluxo de campo magnético que atravessa o solenoide provoca uma FEM de amplitude 2,37 V.

4.1.4 Lei de Ampère-Maxwell

Experiências realizadas por Ampère e outros cientistas, como Oersted, mostraram que cargas em movimento – portanto, corrente elétrica – são capazes de produzir campo magnético. Uma espira de corrente, por exemplo, comporta-se de forma bastante semelhante a um ímã, ou seja, um dipolo magnético. Uma das grandes contribuições de Maxwell foi descobrir que não apenas a corrente de condução de cargas é capaz de induzir campo magnético, mas também correntes de deslocamento, que são proporcionais à taxa de variação do fluxo de campo elétrico. Observe a Figura 4.4, a seguir.

Figura 4.4 – Representação do campo magnético gerado por uma espira de corrente conduzida no sentido anti-horário (a) e representação do campo magnético gerado pelas correntes de deslocamento, ou seja, pela variação do fluxo de campo elétrico na região entre as placas do capacitor (b)

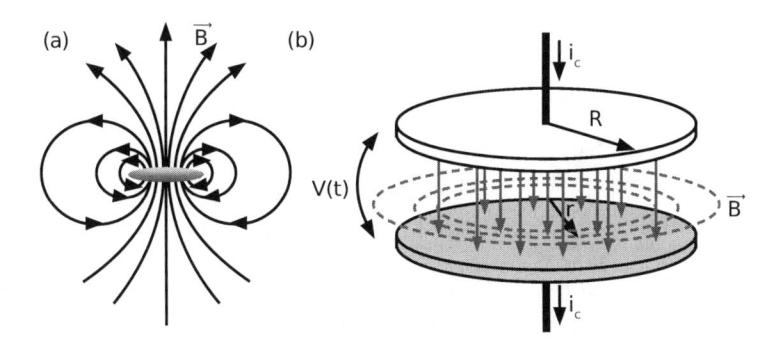

Fonte: Halliday; Resnick; Walker, 2014, p. 121.

A lei de Ampère-Maxwell estabelece que campos magnéticos podem surgir, sempre percorrendo caminhos fechados, tanto a partir das correntes de condução elétrica (i_{env}) quanto das correntes de deslocamento (i_d). Portanto:

$$\oint \vec{B} \cdot \vec{dl} = \mu_0 i_{env} + \mu_0 i_d$$

Em que a corrente de deslocamento é definida por:

$$i_d = \epsilon_0 \frac{d\Phi_E}{dt} = \epsilon_0 \frac{d}{dt} \int \vec{E} \cdot \vec{dS}$$

Com a lei de Ampère-Maxwell, você pode determinar o campo magnético produzido por um fio condutor, um cabo coaxial ou um indutor, dependendo de sua geometria. No caso de variação de fluxo elétrico, como a existente entre as placas de capacitores, o campo magnético é induzido da mesma forma. Em várias situações cotidianas, como no processo de transmissão e distribuição de energia elétrica, utilizamos correntes alternadas e temos constantemente de lidar com campos elétricos e magnéticos oscilando de maneira periódica no tempo. Esse conjunto de equações que você acabou de rever representa as equações de Maxwell do eletromagnetismo em sua forma integral. Na próxima seção, você verá como representar essas mesmas equações de uma maneira distinta, em sua forma diferencial.

4.2 Equações de Maxwell na forma diferencial

Como já vimos, as leis que regem os fenômenos eletromagnéticos podem ser escritas em termos de quatro equações na forma integral. Contudo, em algumas situações, seria mais simples trabalhar com as equações em outro formato matemático: o diferencial. Para que você compreenda como é possível chegar a essas expressões, é importante que conheça melhor as ferramentas do cálculo vetorial e seus principais teoremas. Durante esta leitura, você poderá revisar, de forma mais rápida, os pontos principais dessa ferramenta. Porém, caso não tenha conhecimento do assunto, é importante solidificar sua base teórica por meio do estudo aprofundado do cálculo.

Saiba mais

O cálculo vetorial, desenvolvido com base nas análises de Josiah Willard Gibbs e Oliver Heaviside, no final do século XIX, tem papel importante no estudo das equações diferenciais do eletromagnetismo, por se tratar da diferenciação e integração de campos vetoriais. Na formulação diferencial das equações de Maxwell, o operador diferencial nabla ($\vec{\nabla}$), as operações de gradiente ($\vec{\nabla}f$), divergente ($\vec{\nabla} \cdot \vec{F}$), rotacional ($\vec{\nabla} \times \vec{F}$) e laplaciano ($\nabla 2\ f$), o teorema da divergência de Gauss e o teorema de Stokes serão requisitados. Para mais informações, consulte a obra *Cálculo*, volume 2, capítulo 15, de Anton, Bivens e Davis (2014).

4.2.1 Operações diferenciais

Quando trabalhamos com campos vetoriais, como é o caso dos campos magnético e elétrico, é necessário dispormos das ferramentas do cálculo vetorial para entender como esses campos variam no espaço e no tempo. As operações são definidas em termos da geometria adotada, sendo a cartesiana a forma mais usual. Relembre as principais operações, sabendo que f(x, y, z) constitui de uma função escalar com coordenadas cartesianas e $\vec{F}(x, y, z) = Fx\hat{i} + Fy\hat{j} + Fz\hat{k}$, um campo vetorial.

- Operação $\vec{\nabla}$ (nabla):

$$\vec{\nabla} = \frac{\partial \hat{i}}{\partial x} + \frac{\partial \hat{j}}{\partial y} + \frac{\partial \hat{k}}{\partial z}$$

- Operação $\vec{\nabla} f$ (gradiente – aplica-se apenas em campos escalares e resulta em um campo vetorial):

$$\vec{\nabla} f(x,y,z) = \frac{\partial f \hat{i}}{\partial x} + \frac{\partial f \hat{j}}{\partial y} + \frac{\partial f \hat{k}}{\partial z}$$

- Operação $\vec{\nabla} \cdot \vec{F}$ (divergente – aplica-se apenas em campos vetoriais e resulta em um escalar):

$$\vec{\nabla} \cdot \vec{F}(x,y,z) = \frac{\partial F x}{\partial x} + \frac{\partial F y}{\partial y} + \frac{\partial F z}{\partial z}$$

- Operação $\vec{\nabla} \times \vec{F}$ (rotacional – aplica-se apenas em campos vetoriais e resulta em um campo vetorial):

$$\vec{\nabla} \times \vec{F}(x,y,z) = \begin{vmatrix} \hat{i} & \hat{j} & \hat{k} \\ \frac{\partial}{\partial x} & \frac{\partial}{\partial y} & \frac{\partial}{\partial z} \\ F_x & F_y & F_z \end{vmatrix} = \left(\frac{\partial F_z}{\partial y} - \frac{\partial F_y}{\partial x} \right) \hat{i} + \left(\frac{\partial F_x}{\partial z} - \frac{\partial F_z}{\partial x} \right) \hat{j} + \left(\frac{\partial F_y}{\partial x} - \frac{\partial F_x}{\partial y} \right) \hat{k}$$

- Operação $\nabla^2 \vec{F}$ (laplaciano – aplica-se em campos vetoriais e escalares e não altera a natureza do campo):

$$\nabla^2 f(x,y,z) = \frac{\partial^2 f}{\partial x^2} + \frac{\partial^2 f}{\partial y^2} + \frac{\partial^2 f}{\partial z^2}$$

$$\nabla^2 \vec{F}(x,y,z) = \frac{\partial^2 \vec{F}}{\partial x^2} + \frac{\partial^2 \vec{F}}{\partial y^2} + \frac{\partial^2 \vec{F}}{\partial z^2}$$

- Teorema da divergência (relaciona a integral tripla de volume V do divergente do campo vetorial com a integral dupla da superfície Γ que envolve esse volume, para campos vetoriais de classe C^1):

$$\int_v (\vec{\nabla} \cdot \vec{F})\, dV =$$

- Teorema de Stokes (relaciona a integral de superfície Γ do rotacional do campo vetorial com a integral de linha do campo sobre a curva γ que a delimita, para campos vetoriais de classe C^1):

$$\int_\Gamma (\vec{\nabla} \times \vec{F}) \cdot d\vec{S} = \oint_\gamma \vec{F} \cdot d\vec{l}$$

∑ Saiba mais

Fique atento à notação que utilizamos neste capítulo. As integrais de linha são integrais simples, enquanto as de superfície são integrais duplas, e as de volume são integrais triplas. A simplificação da notação tem sido adotada para evidenciar melhor os termos mais importantes das leis trabalhada.

Com essas ferramentas em mão, você poderá obter as equações de Maxwell na forma diferencial com mais facilidade.

4.2.2 Dedução das equações

Para determinarmos as equações de Maxwell na forma diferencial, partimos das equações já obtidas na forma integral e aplicamos os teoremas que já conhecemos do cálculo vetorial. Também devemos escrever de maneira completa os termos relacionados à carga envolvida e à corrente de deslocamento e de condução.

Em uma distribuição de cargas elétricas em um volume V, a carga total é a soma de cada elemento diferencial de carga, ou seja, a densidade volumétrica de carga multiplicada pelo elemento diferencial de volume:

$$q_{env} = \int_V \rho dV$$

Em que ρ é a densidade de carga, em c/m^3.

É importante que você também se lembre do conceito de densidade superficial de corrente ($\vec{j}$), onde:

$$i_c = \int_\Gamma \vec{j} \cdot d\vec{S}$$

4.3 Lei de Gauss

Para obtermos uma equação diferencial para a lei de Gauss, devermos partir da forma integral e aplicar o teorema da divergência do lado esquerdo da equação. Ou seja:

$$\underbrace{\int_\Gamma \vec{E} \cdot d\vec{S}}_{\text{Teorema de Gauss}} = \frac{q_{env}}{\epsilon_0} = \frac{1}{\epsilon_0}\int_V \rho dV \Rightarrow \int_V (\vec{\nabla} \cdot \vec{E})dV = \frac{1}{\epsilon_0}\int_V \rho dV$$

Como ambas as integrais são sobre o mesmo volume, podemos concluir que:

$$\vec{\nabla} \cdot \vec{E} = \frac{\rho}{\int_0}$$

Essa é a lei de Gauss na forma diferencial. Perceba que a interpretação física não muda: a densidade de cargas é responsável por criar campo elétrico divergente, que diverge da origem. Quando a densidade de cargas é positiva, ela atua como uma fonte de campo elétrico.

Já quando é negativa, as cargas atuam como sumidouro, com as linhas de campo apontando no sentido delas. Com um procedimento análogo, podemos, de forma direta, obter a equação diferencial para a lei de Gauss do campo magnético, apenas aplicando o teorema da divergência. Nesse caso, o resultado obtido é:

$$\underbrace{\int_\Gamma \vec{B} \cdot d\vec{S}}_{\text{Teorema de Gauss}} = 0 \Rightarrow \int_V (\vec{\nabla} \cdot \vec{B}) dV = 0 \Rightarrow \vec{\nabla} \cdot \vec{B} = 0$$

Isso demonstra que não existe fonte de campo magnético divergente. As linhas de campo magnético sempre vão percorrer trajetórias fechadas, e não há monopolos magnéticos.

4.4 Lei de Ampère-Maxwell

Por fim, a definição da lei de Ampère-Maxwell na forma diferencial pode ser obtida por um procedimento semelhante ao realizado para a lei de Faraday. Observe os passos a seguir:

$$\underbrace{\oint_\gamma \vec{B} \cdot \vec{dl}}_{\text{Teorema de Stokes}} = \mu_0 i_{env} + \mu_0 i_d = \mu_0 \int_\Gamma \vec{J} \cdot \vec{dS} + \mu_0 \epsilon_0 \frac{d}{dt} \int_\Gamma \vec{E} \cdot \vec{dS}$$

$$\int_\Gamma (\vec{\nabla} \times \vec{B}) \cdot \vec{dS} = \mu_0 \int_\Gamma \vec{J} \cdot \vec{dS} + \mu_0 \epsilon_0 \frac{d}{dt} \int_\Gamma \vec{E} \cdot \vec{dS} = \mu_0 \int_\Gamma \vec{J} \cdot \vec{dS} + \mu_0 \epsilon_0 \int_\Gamma \frac{\partial \vec{E}}{\partial t} \cdot \vec{dS}$$

$$\vec{\nabla} \times \vec{B} = \mu_0 \vec{J} + \mu_0 \epsilon_0 \frac{\partial \vec{E}}{\partial t}$$

Essa é a equação da lei de Ampère-Maxwell na forma diferencial, com a qual você pode concluir que tanto a variação de campo elétrico quanto uma densidade de corrente de cargas livres são capazes de gerar campo magnético induzido, com circulação a percorrer uma trajetória fechada.

O sentido, nesse caso, é o mesmo da regra da mão direita para variações de campo elétrico e correntes positivas. Nesta seção, você desenvolveu as quatro equações de Maxwell na forma diferencial. Não há mudanças em seu significado físico, apenas alteração em suas formas de apresentação. Dependendo do caso a ser trabalhado, você deverá analisar a forma de representação das equações que é mais adequada para se utilizar.

Você pode estar se perguntando se essas equações diferenciais e integrais não são difíceis de resolver, principalmente quando o problema não apresenta simetrias. A solução analítica, como você já deve ter obtido para diversos casos estudados, é uma exceção. No geral, a solução analítica desse conjunto de equações é muito difícil de se conseguir ou nem mesmo existe, fazendo-se necessário recorrer a ferramentas de cálculo numérico para estudar e solucionar problemas reais. Como profissional, é importante que você conheça essas equações para informar ao computador o que você quer que seja calculado (programação) e verificar se a resposta oferecida está condizente com as expectativas físicas (análise dos resultados).

Na próxima seção, você poderá sintetizar todas essas equações e acompanhar mais alguns cálculos para perceber, assim como Maxwell, que os campos eletromagnéticos se propagam no espaço com a velocidade da luz. A propósito, seria a luz uma onda eletromagnética?

4.4.1 Síntese da equação de onda eletromagnética

Você estudou até aqui as equações do magnetismo, desenvolvidas por grandes cientistas ao longo dos séculos e com contribuições significativas de Maxwell, como a inserção do termo de corrente de deslocamento, corrigindo a lei de Ampère, e a organização em uma formulação matemática consistente, o que simplifica as análises de fenômenos simultâneos.

Por conta desse precioso trabalho de síntese, o conjunto de equações ficou conhecido como *equações de Maxwell*. O Quadro 4.1, a seguir, mostra as equações de Maxwell do eletromagnetismo e a equação de força de Lorentz. Juntas, essas expressões são capazes de explicar todos os fenômenos eletromagnéticos.

As equações de Maxwell também são invariantes a mudanças de referencial e compatíveis com a teoria da relatividade, de Einstein (Bauer; Westfall; Dias 2012; Knight, 2009).

Quadro 4.1 – Equações de Maxwell e equação de força de Lorentz

Equação	Forma integral	Forma diferencial
Lei de Gauss – cargas elétricas como fonte de campo elétrico	$\int_\Gamma \vec{E} \cdot d\vec{S} = \dfrac{1}{\epsilon_0} \int_V \rho\, dV$	$\vec{\nabla} \cdot \vec{E} = \dfrac{\rho}{\epsilon_0}$
Lei de Faraday--Lenz – campo elétrico induzido pela variação do campo magnético	$\oint_\gamma \vec{E} \cdot d\vec{l} = -\dfrac{d}{dt}\int_\Gamma \vec{B} \cdot d\vec{S}$	$\vec{\nabla} \cdot \vec{E} = -\dfrac{\partial \vec{B}}{\partial t}$
Lei de Gauss do magnetismo – não existência de monopolos	$\int_\Gamma \vec{B} \cdot d\vec{S} = 0$	$\vec{\nabla} \cdot \vec{B} = 0$
Lei de Ampère--Maxwell – campo magnético induzido por correntes de carga pela variação do campo elétrico	$\oint_\Gamma \vec{B} \cdot d\vec{l} = \mu_0 \int_\Gamma \vec{J} \cdot d\vec{S} + \mu_0 \epsilon_0 \dfrac{d}{dt}\int_\Gamma \vec{E} \cdot d\vec{S}$	$\vec{\nabla} \cdot \vec{B} = \mu_0 \vec{J} + \mu_0 \epsilon_0 \dfrac{\partial \vec{E}}{\partial t}$
Força de Lorentz – cargas elétricas sentem a ação de forças provocadas pelos campos elétrico e magnético	$\vec{F} = q\vec{E} + q\vec{v} \times \vec{B}$	

Fonte: Elaborado com base em Bauer; Westfall; Dias, 2012; Knight, 2009.

É importante perceber que as constantes de permissividade elétrica e permeabilidade magnética utilizadas para expressar as equações de Maxwell foram ε_0 e μ_0 respectivamente, as constantes eletromagnéticas do vácuo. É preciso modicar esses termos nas equações descritas no Quadro 4.1, quando a propagação ocorre em meios materiais.

Quando Maxwell formulou suas equações, sua maior preocupação era demonstrar a existência das ondas eletromagnéticas e o fato de que elas poderiam propagar-se mesmo no espaço livre, na ausência de meio material.

No espaço livre, não há densidade de cargas elétricas nem de densidade de corrente. Logo, as equações de Maxwell para o espaço livre podem ser reescritas como:

Equações de Maxwell no espaço livre
$$\begin{cases} \vec{\nabla} \cdot \vec{E} = 0, \\ \vec{\nabla} \cdot \vec{E} = -\dfrac{\partial \vec{B}}{\partial t}, \\ \vec{\nabla} \cdot \vec{B} = 0, \\ \vec{\nabla} \cdot \vec{B} = \mu_0 \epsilon_0 \dfrac{\partial \vec{E}}{\partial t} \end{cases}$$

Se você trabalhar matematicamente com essas equações, utilizando algumas identidades do cálculo vetorial, conseguirá obter equações diferenciais que representam a propagação de ondas. Acompanhe os cálculos a seguir, utilizando a seguinte identidade vetorial:

$$\vec{\nabla} \times (\vec{\nabla} \times \vec{E}) = \vec{\nabla}(\vec{\nabla} \cdot \vec{E}) - \nabla^2 \vec{E}$$

Aplicando o operador rotacional nos dois termos da equação da lei de Faraday, temos que:

$$\vec{\nabla} \times (\vec{\nabla} \times \vec{E}) = \vec{\nabla}(\cancel{\vec{\nabla} \cdot \vec{E}}) - \nabla^2 \vec{E} = \vec{\nabla} \times \left(-\frac{\partial \vec{E}}{\partial t}\right)$$

$$\nabla^2 \vec{B} = \vec{\nabla} \times \left(\frac{\partial \vec{B}}{\partial t}\right) = \frac{\partial}{\partial t}(\vec{\nabla} \times \vec{B}) = \frac{\partial}{\partial t}\left(\mu_0 \epsilon_0 \frac{\partial \vec{E}}{\partial t}\right) = \mu_0 \epsilon_0 \frac{\partial^2 \vec{E}}{\partial t^2}$$

$$\nabla^2 \vec{E} = \mu_0 \epsilon_0 \frac{\partial^2 \vec{E}}{\partial t^2}$$

Realizando o mesmo procedimento com o campo magnético, conseguimos obter:

$$\vec{\nabla} \times (\vec{\nabla} \times \vec{B}) = \vec{\nabla}(\cancel{\vec{\nabla} \cdot \vec{B}}) - \nabla^2 \vec{B} = \vec{\nabla} \times \left(\mu_0 \epsilon_0 \frac{\partial \vec{B}}{\partial t}\right)$$

$$\nabla^2 \vec{E} = -\vec{\nabla} \times \left(\mu_0 \epsilon_0 \frac{\partial \vec{E}}{\partial t}\right) = -\mu_0 \epsilon_0 \frac{\partial}{\partial t}(\vec{\nabla} \times \vec{E}) = \mu_0 \epsilon_0 \frac{\partial}{\partial t}\left(\frac{\partial \vec{B}}{\partial t}\right) = \mu_0 \epsilon_0 \frac{\partial^2 \vec{B}}{\partial t^2}$$

$$\nabla^2 \vec{B} = \mu_0 \epsilon_0 \frac{\partial^2 \vec{B}}{\partial t^2}$$

As equações obtidas para os campos elétrico e magnético têm o mesmo formato de uma equação de onda:

$$\nabla^2 \Psi = \frac{1}{\vartheta^2} \frac{\partial^2 \Psi}{\partial t^2}$$

Em que v é a velocidade de propagação da onda, em m/s. Se compararmos as duas equações, será fácil concluir que a velocidade de propagação das ondas eletromagnéticas no vácuo é, simplesmente:

$$v = \frac{1}{\sqrt{\frac{\int_0}{\mu_0}}} = c \approx 2,999 \cdot 10^8 \text{ [m/s]}$$

É a mesma velocidade com que a luz se propaga no espaço. Maxwell pôde compreender que a luz é uma onda eletromagnética, o que certamente ocasionou uma revolução científica na época, com efeitos definitivos atualmente. A velocidade de propagação de uma onda pode ser calculada pelo produto do comprimento de onda (λ), em metros, pela frequência f, em Hertz. Ou seja:

$$v = \lambda \cdot f$$

No espaço livre, v = c e, apesar de se propagarem com a mesma velocidade, ondas eletromagnéticas podem ser diferenciadas pelo seu comprimento de onda ou pela frequência de oscilação. Apesar de não ser o foco deste capítulo, é importante que você saiba que a equação da onda eletromagnética tem como solução uma função do tipo senoidal (função seno ou cosseno), uma frequência angular $\omega = 2\pi f$ e uma amplitude máxima, que ocorre quando a função senoidal é unitária. Uma onda plana linearmente polarizada (você conhecerá esses termos mais a fundo) pode ser descrita pelas expressões:

$$E_x = 0, E_y = E_o \text{sen}(kx + \omega t); E_z = 0$$

$$B_x = 0; B_y = 0; B_z = -\frac{E_0}{c}\text{sen}(kx + \omega t)$$

Em que *k*, também chamado de *número de onda*, é dado pela expressão k = ω/c para esse tipo de campo eletromagnético (Fusco, 2006). O campo magnético máximo e o campo elétrico máximo estão relacionados com a velocidade de propagação, sendo:

$$\frac{E_{max}}{B_{Max}} = c$$

Exercício resolvido

O campo elétrico em uma onda eletromagnética plana é dado por $E_x = E_0 \cos(kz + \omega t)$. Quais são a magnitude e a direção do campo magnético associado?

Feedback do exercício em geral:
Como o campo elétrico só tem componente na direção $\hat{i}$, se aplicarmos a lei de Faraday, teremos que:

$$\vec{\nabla} \times \vec{E} = -\frac{\partial \vec{B}}{\partial t}$$

$$\vec{\nabla} \times \vec{E} = \frac{\partial E_x}{\partial z} \hat{j} = E_0 \cdot k \cdot \cos(kz + \omega t)\hat{j} = -\frac{\partial \vec{B}}{\partial t}$$

Integrando dos dois lados da equação, podemos saber que o campo magnético também é uma função trigonométrica, em que:

$$B(t) = -\int E_0 k \cos(kz + \omega t) dt$$

$$B(t) = -\frac{E_0 k}{\omega} \text{sen}(kz + \omega t)$$

como para ondas planas $k = \omega/c$, $B_0 = E_0/c$, com direção $-\hat{j}$.

Síntese

- Você tomou conhecimento de que, a partir das equações de Maxwell, é possível derivar equações de onda para os campos elétricos e magnéticos, não sendo necessário um meio especial para sua propagação.
- As ondas eletromagnéticas são compostas por componentes de campo elétrico e magnético que variam no tempo de forma sincronizada, com comprimento de onda e frequência característicos do tipo de onda emitido e com velocidade dependente das características eletromagnéticas do meio.
- Esse conhecimento é a base para que você se aprofunde no estudo de ondas eletromagnéticas e possa, se assim desejar, desenvolver sua carreira nessa área, com oportunidades de trabalhar com sistemas de telecomunicações, GPS, desenvolvimento de equipamentos médicos e de novos materiais, inspeção em sistemas aeroespaciais, esterilização de ambientes e superfícies com radiação UV e quaisquer outros ramos que puder idealizar.

Capacitores de placas paralelas

5

Conteúdos do capítulo:

- Definição e concepção dos capacitores.
- Calculando o campo elétrico e a capacitância.
- Partículas inseridas em um campo elétrico.
- Propriedades dos capacitores.
- Associação de capacitores.
- Propriedades físicas dos capacitores.
- Impedância de elementos puramente reativos.
- Defasagens entre tensão e corrente em circuitos RCL.
- Cálculos em circuitos RCL paralelos.
- Reatâncias em circuitos reais.

Após o estudo deste capítulo, você será capaz de:

1. conceituar e caracterizar capacitores;
2. diferenciar capacitor ligado em série e capacitor ligado em paralelo;
3. entender os diferentes circuitos.

Neste capítulo, abordaremos os capacitores, elementos armazenadores de energia amplamente utilizados em circuitos eletrônicos, transmissão de sinais, correção de fator de potência em sistemas de alimentação elétricas, sistemas de potência, entre outros.

Embora não dissipem energia, os capacitores são elementos passivos nos circuitos elétricos. Ao conhecer suas propriedades, é possível analisar como as grandezas elétricas se relacionam nesse elemento. Além disso, os capacitores podem ser associados, a fim de obter diferentes valores de tensão ou corrente. Portanto, são elementos muito úteis na aplicação de circuitos elétricos.

O capacitor é um componente bastante empregado em sistemas eletroeletrônicos, pois, associado a outros componentes, realiza uma série de funções muito importantes na eletrônica e que estão presentes praticamente em todos os equipamentos utilizados nos dias atuais.

Neste capítulo, você conhecerá as propriedades de um capacitor. Também verá como ocorre a capacitância na associação de capacitores em circuitos elétricos.

5.1 Definição e concepção dos capacitores

Segundo Ulaby (2007), um capacitor é formado quando dois corpos condutores são carregados com cargas de mesma intensidade, porém com polaridades opostas, e separados por um material dielétrico, ou seja, isolante. De acordo com Sadiku (2012), isso resulta no fato de que todas as linhas de fluxo que saem de um condutor terminam na superfície do outro condutor.

A Figura 5.1, a seguir, apresenta a concepção básica de um capacitor: dois condutores (M_1 e M_2) carregados com cargas +q e −q, de forma que a carga total do sistema seja zero, separados por um material dielétrico (Hayt Jr.; Buck, 2013).

Figura 5.1 – Concepção básica de um capacitor: condutores carregados com cargas de mesma intensidade, porém com polaridades opostas, e separados por um material dielétrico

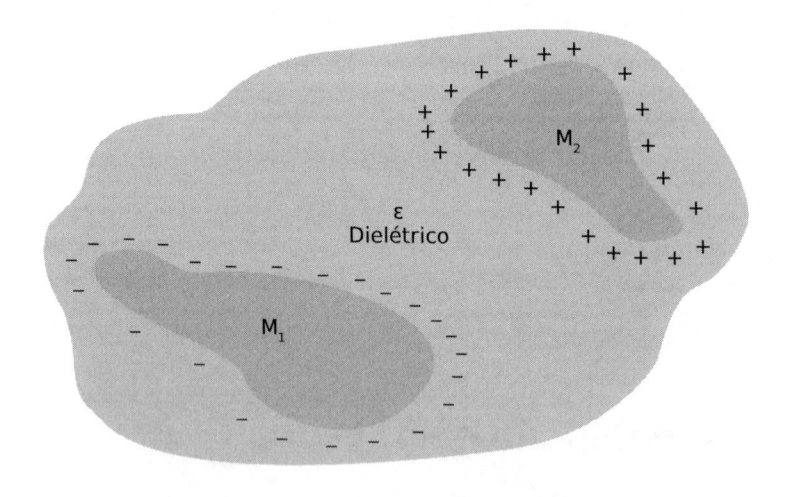

Fonte: Hayt Jr.; Buck, 2013, p. 35.

Lembre-se de que os dois condutores apresentam uma densidade superficial de cargas, o campo elétrico é perpendicular à superfície dos condutores, e estes, por sua vez, são superfícies equipotenciais.

Ao considerar a diferença de potencial entre os dois condutores, M_1 e M_2, como sendo V, é possível definir oconceito de capacitância, isto é, a razão entre o valor da carga total em um dos condutores e o valor da diferença de potencial (V) (Hayt Jr.; Buck, 2013; Sadiku, 2012; Ulaby, 2007).

Matematicamente, a capacitância pode ser definida da seguinte forma:

$$C = \frac{q}{V}$$

A unidade de medida da capacitância é o farad (F), ao passo que a carga q é medida em coulomb (C), e diferença de potencial, em volts (V). A Figura 5.2, a seguir, apresenta dois planos carregados por uma fonte de tensão contínua V, separados a uma distância d por um dielétrico de permissividade ε_0, formando um capacitor de placas paralelas.

Figura 5.2 – Capacitor de placas paralelas formado a partir de uma fonte de tensão V e material dielétrico com permissividade ε_0

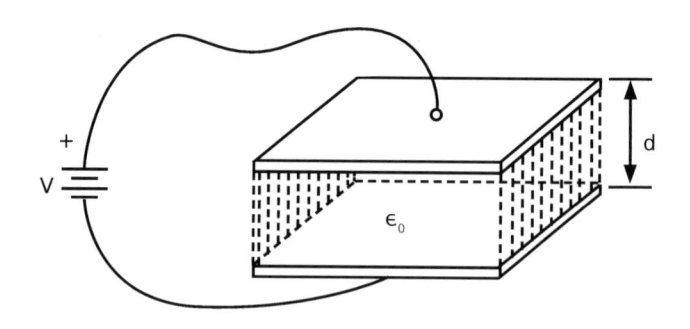

Fonte: Edminister; Nahvi-Dekhordi, 2013, p. 46.

Assim, podemos observar que, havendo duas superfícies paralelas carregadas com cargas +q e −q, existe uma formação de linhas de campo elétrico que saem da superfície carregada com +q em direção a −q.

A Figura 5.3, a seguir, apresenta duas placas de área A separadas a uma distância d por um dielétrico.

Figura 5.3 – Linhas de campo elétrico em um capacitor de placas paralelas

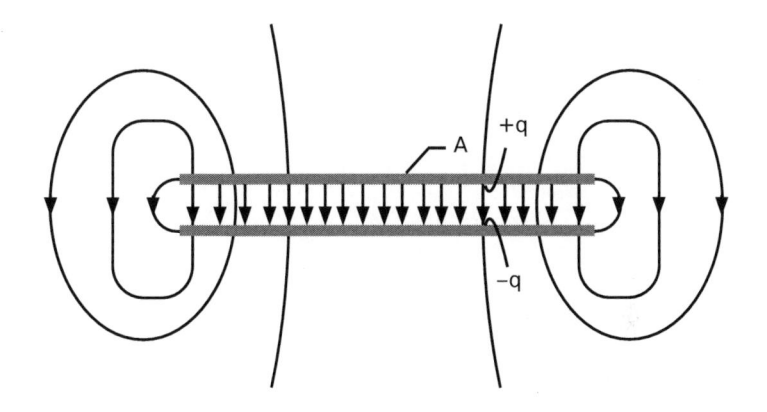

Fonte: Knight, 2009, p. 69.

Podemos observar a existência de um campo elétrico perpendicular formado na região entre as duas placas e um campo elétrico com forma distorcida nas bordas, chamado também de *efeito de borda*.

Como o campo elétrico nas bordas não apresenta intensidade significativa, do ponto de vista da capacitância, ele será desconsiderado, levando-se em consideração apenas o campo elétrico formado na região central.

A Figura 5.4, a seguir, apresenta as placas paralelas de área A carregadas, com o campo elétrico (perpendicular) formado na região central entre elas, desprezando-se o efeito de borda e indicando-se mais dois elementos, que serão empregados para o cálculo da capacitância: a superfície gaussiana considerada no cálculo (representada pela região pontilhada) e o sentido/caminho de integração utilizado (representado pela seta em destaque).

Figura 5.4 – Linhas de um campo elétrico formado em um capacitor de placas paralelas, desprezando-se o efeito de borda e definindo-se a superfície gaussiana (região pontilhada) e o sentido de integração do campo (seta em destaque)

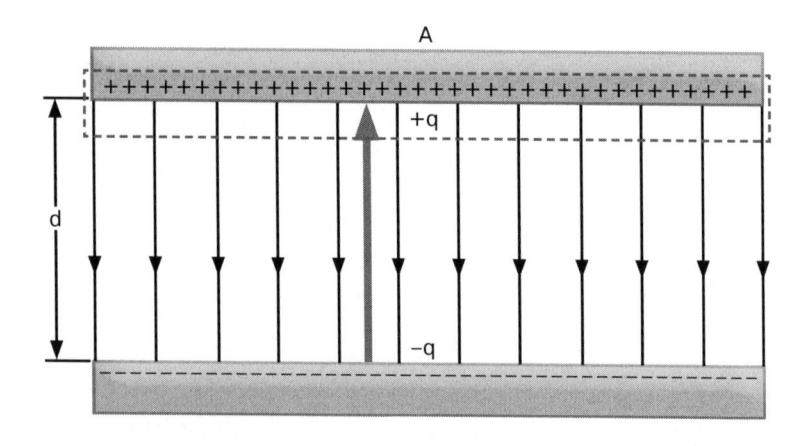

Fonte: Knight, 2009, p. 75.

O cálculo do campo elétrico e da capacitância desse tipo de capacitor será apresentado a seguir, por meio da lei de Gauss e desprezando-se o efeito de borda do campo elétrico formado entre as placas.

Exemplificando

Na prática, quando um capacitor é submetido a uma diferença de potencial, ele não é carregado de maneira instantânea. O mesmo ocorre quando a fonte de potencial é retirada e o capacitor se descarrega. O tempo de carga e descarga de um capacitor é uma relação exponencial e depende de sua capacitância e da resistência do circuito ao qual ele está associado; a essa relação é dado o nome de *constante de tempo*, comumente representada pela letra grega τ.

Considere um capacitor inicialmente carregado com uma carga inicial Q_0. Ao ser retirada a fonte de potencial elétrico, esse capacitor perde sua carga de forma exponencial decrescente, conforme a equação a seguir:

$$Q(t)\text{descarga} = Q_0 \cdot e^{\frac{-t}{\tau}}$$

Em que $Q(t)$ é a carga no instante de tempo t (a partir do desligamento da fonte de potencial elétrico) e τ é a constante de tempo (em segundos), dada pela relação: $\tau = R \cdot C$.

A Figura 5.5, a seguir, apresenta o processo de descarga do capacitor.

Figura 5.5 – Processo de descarga de um capacitor com carga inicial Q_0

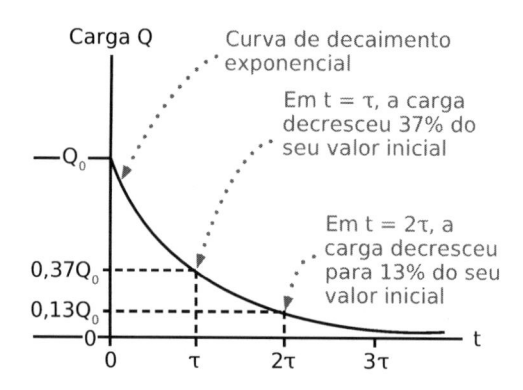

```
Carga Q        Curva de decaimento
               exponencial
                   Em t = τ, a carga
                   decresceu 37% do
 Q₀                seu valor inicial

                       Em t = 2τ, a
                       carga decresceu
 0,37Q₀                para 13% do seu
 0,13Q₀                valor inicial
   0
   0    τ      2τ      3τ          t
```

Fonte: Knight, 2009, p. 86.

O processo de carregamento até uma carga máxima $Q_{máx}$ de maneira análoga também ocorre de maneira exponencial, porém com taxa crescente:

$$Q(t) carga = Q_{máx}\left(1 - e^{\frac{-t}{\tau}}\right)$$

Figura 5.6 – Processo de carregamento de um capacitor até uma carga $Q_{máx}$

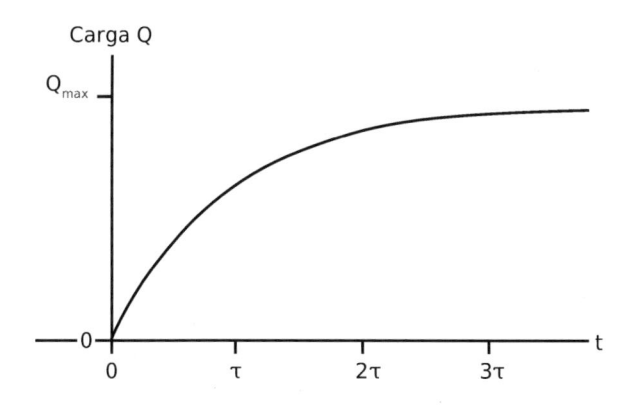

[Gráfico: eixo vertical "Carga Q" com marca Q_{max}; eixo horizontal t com marcas τ, 2τ, 3τ; curva exponencial crescente que satura em Q_{max}]

Fonte: Knight, 2009, p. 95.

5.2 Calculando o campo elétrico e a capacitância

Sadiku (2012) apresenta duas formas para se determinar a capacitância entre dois condutores separados por um dielétrico. São elas:

1. fazer a consideração de um valor de carga q e determinar V a partir desse valor utilizando a lei de Gauss;
2. fazer a consideração de um valor de V e determinar q a partir desse valor utilizando o método da equação de Laplace.

Neste capítulo, utilizaremos a forma (1) para a resolução, ou seja, a lei de Gauss. Assim, para que a capacitância possa ser determinada, é preciso observar as seguintes recomendações (Sadiku, 2012):

a) escolher um sistema de coordenadas apropriado para o caso estudado;
b) atribuir às duas placas (ou condutores) as cargas +q e −q;
c) determinar o campo elétrico E por meio da lei de Gauss e, então, determinar V.

Por meio da lei de Gauss, que relaciona o campo elétrico com a carga dentro de uma superfície fechada, é possível determinar a carga total da placa do capacitor. Confira, a seguir, sua forma integral, que compõe uma das oito equações de Maxwell:

$$\int_s E \cdot dA = \frac{q_{interna}}{\epsilon}$$

Se a capacitância é dada pela razão entre a carga presente na placa e a diferença de potencial entre elas, temos que:

$$C = \frac{\epsilon \int E \cdot dS}{\int E \cdot dL}$$

Em que ε é a permissividade do dielétrico entre as placas. Observe que o sinal negativo da equação do potencial elétrico foi omitido, pois nosso interesse aqui é a determinação do valor absoluto da capacitância, que é uma propriedade física. Com base na superfície gaussiana destacada na Figura 5.4, podemos resolver o lado esquerdo da lei de Gauss, considerando como contribuição da integral somente a superfície interior das placas. As laterais apresentam contribuições desprezíveis e a parte superior encontra-se dentro do condutor e, como o campo elétrico é nulo, não contribui com a integral. Do ponto de vista da face interior, o campo elétrico é perpendicular a ela e aponta em direção à segunda placa, assim como o vetor unitário direcional dA. Assim, temos que:

$$\oint E \cdot dA = \iint E \cdot dA \cdot \cos 0° = E \iint dA = EA$$

Ou seja, a carga q presente na placa é determinada em função do campo elétrico, da área e da permissividade elétrica do dielétrico, de modo que:

$$EA = \frac{q}{\epsilon}$$

$$q = E \cdot \epsilon \cdot A$$

É possível, ainda, determinar o campo elétrico a partir da equação anterior:

$$E = \frac{q}{\epsilon A}$$

Considera-se a direção que aponta da placa carregada com carga positiva para a negativa. Determinando a diferença de potencial, temos que:

$$V = -\int E \cdot dL$$

Ou seja, tendo em vista que o capacitor esteja posicionado ao longo do eixo cartesiano, sendo a placa negativa no plano x = 0 e a placa positiva no plano x = d, temos, para a diferença de potencial:

$$V = -\int_0^d \left(\frac{-q}{\epsilon A} \cdot \vec{ax} \right) dx \vec{ax} = \frac{qd}{\epsilon A}$$

Substituindo as equações da carga e da diferença de potencial na equação da capacitância, temos que:

$$C = \frac{E \epsilon A}{\frac{qd}{\epsilon A}}$$

$$C = \frac{\epsilon A}{d}$$

Portanto, a capacitância em um capacitor de placas paralelas não depende do campo elétrico interno nem da diferença de potencial entre as placas, e sim da permissividade elétrica do dielétrico, da área das placas e da distância entre elas. Além da capacitância, é possível avaliar o comportamento de partículas externas ao capacitor quando estas são inseridas no campo elétrico formado entre as placas. Quando isso ocorre, uma força muda a trajetória dessas partículas. Essa análise será apresentada na próxima seção.

5.3 Partículas inseridas em um campo elétrico

As partículas carregadas eletricamente em movimento sofrem ação de forças quando cruzam um campo elétrico. Essas forças dependem da intensidade do campo elétrico e da carga da partícula em questão. De modo vetorial, elas podem ser descritas como:

$$\vec{F_e} = q \cdot \vec{E}$$

Em que Fe representa a força resultante sobre a partícula carregada com carga q imersa em um campo elétrico uniforme. Com base nessa equação, podemos observar que o sentido da força depende diretamente da polaridade da carga da partícula. Se ela tiver carga positiva, a força terá o mesmo sentido do campo elétrico; se tiver carga negativa, a força terá sentido contrário ao campo elétrico. A Figura 5.7, a seguir, apresenta a trajetória de uma partícula com carga negativa imersa em um campo elétrico uniforme.

Figura 5.7 – Trajetória de uma partícula negativa inserida em um campo elétrico uniforme formado por duas placas paralelas

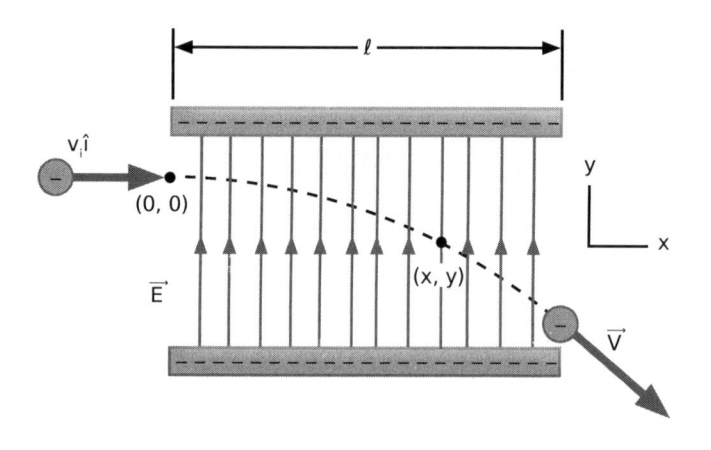

Fonte: Knight, 2009, p. 92.

Podemos notar que a partícula sofre influência de uma força que tem sentido contrário ao campo elétrico, em razão do fato de sua carga ser negativa. Essa força, somada vetorialmente à força que a inseriu no campo elétrico na direção x, torna a trajetória parabólica. Esse conceito tem diversas aplicações, como nos aceleradores de partículas, onde as partículas são separadas de acordo com a velocidade que elas apresentam quando são inseridas em um campo elétrico, ou, ainda, nos tubos de raios catódicos, estruturas onde feixes de elétrons são inseridos com velocidade constante em placas paralelas que apresentam campos elétricos variáveis. Esses campos causam desvios na trajetória dos feixes de elétrons de acordo com sua necessidade e variação, tornando possível, com o choque desses elétrons em camadas revestidas com fósforo, a formação de figuras diversas, utilizadas em equipamentos de medição, por exemplo. A Figura 5.8, a seguir, ilustra a estrutura de um tubo de raios catódicos, que tem um sistema de placas paralelas para gerar a deflexão da partícula no eixo x e outro para gerar a deflexão no eixo y.

Figura 5.8 – Exemplo de sistema de deflexão de partículas utilizando placas paralelas: tubo de raios catódicos

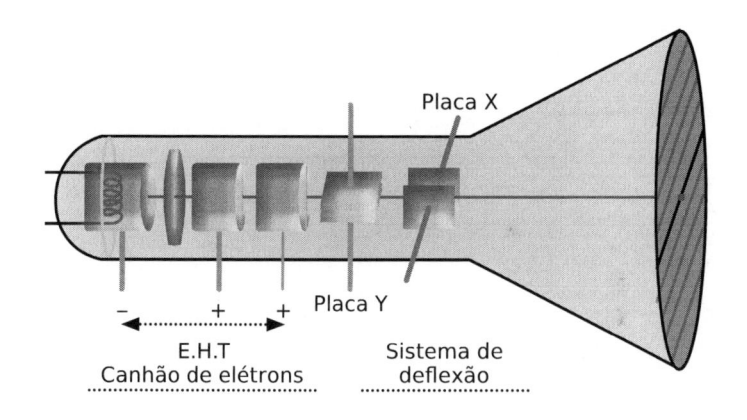

Fonte: Knight, 2009, p. 101.

Os capacitores são empregados de várias maneiras em sistemas elétricos e eletrônicos e apresentam formatos diferentes das placas paralelas e com diversos materiais, como dielétricos. Ao serem aplicados, muitas vezes, faz-se necessário associá-los, de forma a produzir a capacitância exigida pelo sistema para o funcionamento correto dos componentes. Assim, os capacitores podem ser associados de duas maneiras: associação em série e associação em paralelo. Na associação em série, como a carga líquida entre os capacitores é zero (Figura 5.9), há uma diminuição na capacitância total do sistema.

Figura 5.9 – Associação em série de capacitores

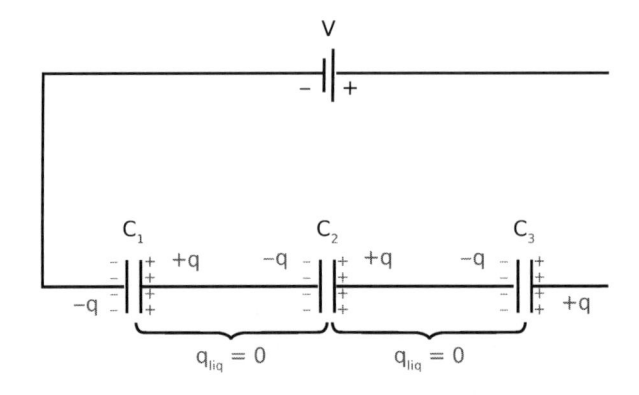

Fonte: Knight, 2009, p. 110.

Nesse caso, a capacitância total C_T é dada por:

$$\frac{1}{C_t} = \frac{\sum_{i=1}^{n} 1}{C_i}$$

Já no caso da associação em paralelo, há um aumento na quantidade de carga para o mesmo potencial aplicado no sistema (Figura 5.10), de modo que a capacitância é aumentada.

Figura 5.10 – Associação em paralelo de capacitores

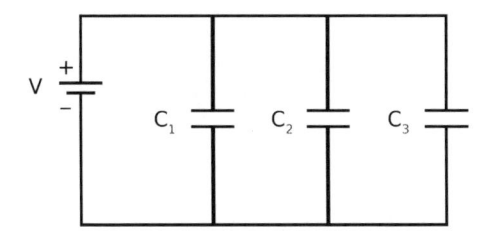

Fonte: Knight, 2009, p. 115.

Para a associação em paralelo, a capacitância total C_T é dada por:

$$C_T = \sum_{i=1}^{n} C_i$$

5.4 Propriedades dos capacitores

Os capacitores são elementos passivos que armazenam energia na forma de campo elétrico. Eles são formados por duas placas paralelas de materiais condutores, sem contato físico entre elas, pois uma camada de material dielétrico é posicionada entre as placas (Alexander; Sadiku, 2013). A Figura 5.11, a seguir, apresenta a configuração de um capacitor de placas paralelas típico.

Figura 5.11 – Capacitor de placas paralelas e suas dimensões

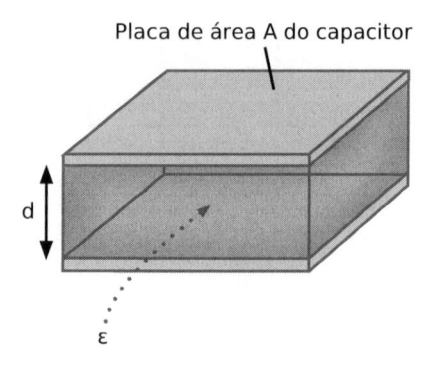

Placa de área A do capacitor

d

ε

Fonte: Knight, 2009, p. 120.

Em elementos passivos, a capacitância depende das dimensões físicas do capacitor. Para um capacitor de placas paralelas, a capacitância pode ser escrita como:

$$C = \epsilon \frac{A}{d}$$

Em que ϵ é a permissividade do material dielétrico entre as placas; A é a área das placas; e d é a distância entre as placas condutoras, conforme as indicações na Figura 5.11. Quando as placas de material condutor são conectadas em uma fonte de tensão, cargas positivas e negativas depositam-se em cada lado dessas placas (Figura 5.12). Por essa razão, o capacitor armazena uma carga elétrica que, quando necessária ao circuito, pode ser descarregada, realizando algum tipo de trabalho onde está acoplado. A quantidade de carga elétrica acumulada depende proporcionalmente da tensão aplicada:

$$q = C \cdot v$$

A proporcionalidade entre carga e tensão é determinada pela capacitância do capacitor, com unidade de medida farad (F), em homenagem ao físico inglês Michael Faraday (1791-1867) (Alexander; Sadiku, 2013).

Figura 5.12 – Tensão aplicada em um capacitor de placas paralelas

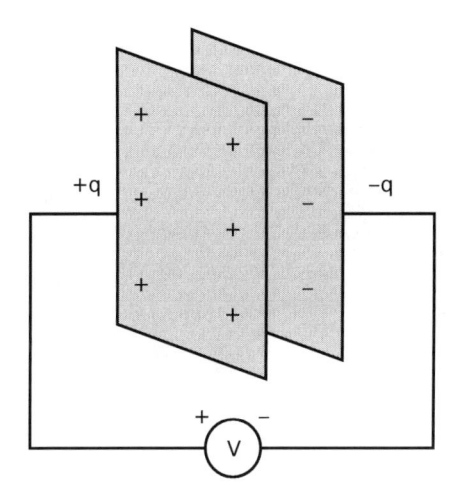

Fonte: Alexander; Sadiku, 2013, p. 112.

Quando um capacitor é conectado a uma fonte de tensão, inicia-se o processo de carregamento do elemento, que estará completo quando a diferença de potencial entre as placas do capacitor for igual à diferença de potencial da fonte (Hewitt, 2015; Knight, 2009).

A Figura 5.13, a seguir, ilustra alguns tipos de capacitores encontrados no mercado. Comercialmente, os capacitores apresentam valores da ordem de picofarads (pF) até microfarads (µF) (Alexander; Sadiku, 2013).

Figura 5.13 – Capacitores

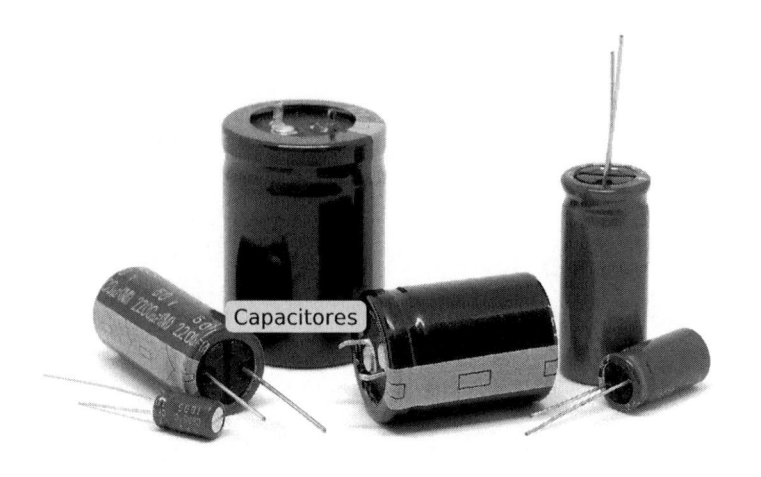

Fonte: Bauer; Westfall; Dias, 2012, p. 130.

Além da relação de carga e tensão nos capacitores, é possível escrever a relação de corrente e tensão nesses elementos. A corrente é descrita como a derivada primeira da carga, no tempo:

$$i = \frac{dq}{dt}$$

A relação q = Cv pode ser derivada nos dois lados da igualdade. Como C é um valor constante, ele pode multiplicar a derivada que aparecerá no lado direito dessa equação. Assim, temos que:

$$\frac{dq}{dt} = C\frac{dv}{dt}$$

Substituindo a derivada da carga pela corrente elétrica, temos que:

Na Figura 5.14, a seguir, consta uma representação dos elementos capacitivos nos circuitos elétricos.

Figura 5.14 – Símbolos gráficos de capacitores: capacitor polarizado (a) e (b) capacitor não polarizado

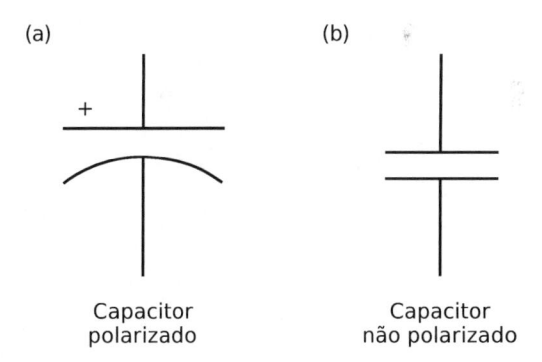

Capacitor polarizado

Capacitor não polarizado

Fonte: Igoe, 2021.

Exercício resolvido

Um capacitor de 9nF é submetido a uma tensão de v(t) = 5cos(2t)V. Determine a corrente através do capacitor.

Solução:
Como a corrente se dá pela equação:

$$i = C\frac{dv}{dt} = 9 \times 10^{-9} \frac{d(5\cos 2t)}{dt}$$

$$i = 9 \times 10^{-9} \cdot 5(-2\operatorname{sen} 2t)$$

Logo:
$$i = 90 \operatorname{sen}2t\, nA$$

Exemplificando

Um capacitor de 5µF recebe 12 V em seus terminais. Determine a carga armazenada no capacitor.
Como:

$$q = C \cdot v$$
$$q = 5 \times 10^{-6} \cdot 12$$

Logo:
$$q = 6 \times 10^{-5} \, C$$

Dependendo da capacitância (ou da carga ou tensão) necessária para determinada aplicação, os capacitores podem ser associados, de modo a obter as grandezas pretendidas. Assim como os circuitos resistivos, os capacitores podem ser associados em série e em paralelo. A seguir, será explicado como ocorrem as associações de capacitores.

5.5 Associação de capacitores

Em circuitos elétricos, os capacitores podem ser associados de diversas formas. Qualquer tipo de associação é baseado em duas formas diferentes: associação em série e associação em paralelo.

Na associação em série, os capacitores estão conectados por apenas um terminal em comum. Já na associação em paralelo, dois capacitores, por exemplo, compartilham a ligação dos dois terminais simultaneamente.

A Figura 5.15, a seguir, apresenta três capacitores conectados em paralelo, mantendo-se a diferença de potencial (tensão) da bateria a que estão igualmente ligados (Bauer; Westfall; Dias, 2012).

Figura 5.15 – Capacitores conectados em paralelo

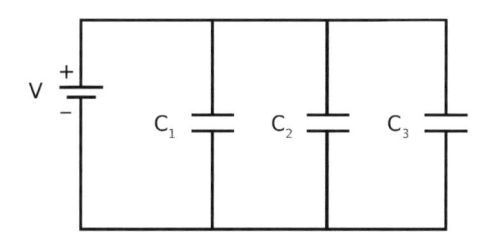

Fonte: Bauer; Westfall; Dias, 2012, p. 109.

Observando-se que a tensão é a mesma em cada um dos capacitores, a carga em cada um deles pode ser descrita por:

$$q_1 = C_1 V$$

$$q_2 = C_2 V$$

$$q_3 = C_3 V$$

Em que q_1, q_2 e q_3 são as cargas dos capacitores C_1, C_2 e C_3, respectivamente. A carga total (q_T) que esse circuito é capaz de armazenar é dada pela seguinte relação:

$$q_T = q_1 + q_2 + q_3$$

Logo:

$$q_T = C_1 V + C_2 V + C_3 V$$

$$q_T = (C_1 + C_2 + C_3) V$$

Os três capacitores em paralelo podem ser considerados como se fossem um único capacitor equivalente (C_{eq}). Assim:

$$C_{eq} = C_1 + C_2 + C_3$$

Esse resultado pode ser estendido para qualquer quantidade de capacitores em paralelo, para fins de cálculo da capacitância equivalente:

$$C_{eq} = \sum_{i=1}^{n} C_i$$

Já para os capacitores associados em série, conforme o circuito mostrado na Figura 5.16, a soma de todas as quedas de tensões ocorridas em cada um dos capacitores deve ser idêntica à tensão fornecida pela fonte.

Figura 5.16 – Capacitores conectados em série

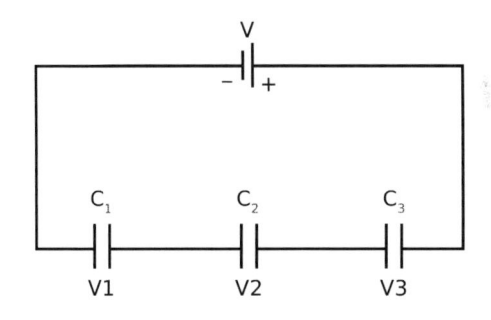

```
         V
       -||+
   C₁      C₂      C₃
   ||      ||      ||
   V1      V2      V3
```

Fonte: Bauer; Westfall; Dias, 2012, p. 112.

Assim:

$$V = V_1 + V_2 + V_3$$

Substituindo a tensão em cada um dos capacitores pela relação que a carga tem com a diferença de potencial e levando em consideração que a carga está uniformemente distribuída entre os elementos que estão em série, temos que:

$$V = \frac{q}{C_1} + \frac{q}{C_2} + \frac{q}{C_3}$$

Desse modo:

$$V = \left(\frac{1}{C_1} + \frac{1}{C_2} + \frac{1}{C_3}\right)q$$

Em termos de capacitância equivalente, a relação de tensão e carga em um circuito em série pode ser escrita da seguinte forma:

$$V = \frac{q}{C_{eq}}$$

Assim:

$$\frac{1}{C_{eq}} = \frac{1}{C_1} + \frac{1}{C_2} + \frac{1}{C_3}$$

Ou, de forma mais genérica, para *n* capacitores em paralelo, temos:

$$\frac{1}{C_{eq}} = \sum_{i=1}^{n}\left(\frac{1}{C_i}\right)$$

Saiba mais

A associação de capacitores é importante para a obtenção de capacitâncias que talvez não estejam disponíveis comercialmente. Qualquer associação parte do princípio básico das associações em série e em paralelo. Se houver uma associação mista, deve-se verificar por partes como simplificar a associação, a fim de obter o equivalente.

Na prática, os capacitores apresentam diversas configurações, e não somente a de placas paralelas. Cada tipo de capacitor é utilizado com uma finalidade diferente, mas sempre com o mesmo princípio de funcionamento: acumular cargas elétricas na parte condutora do elemento.

5.6 Propriedades físicas dos capacitores

Os capacitores de placas paralelas têm um material dielétrico entre as placas condutoras, conforme apresentado na Figura 5.17. Esse material isola as placas, de modo que não haja contato físico entre elas. Assim, não há passagem de carga elétrica de uma placa para outra.

Figura 5.17 – Característica construtiva de um capacitor de placas paralelas

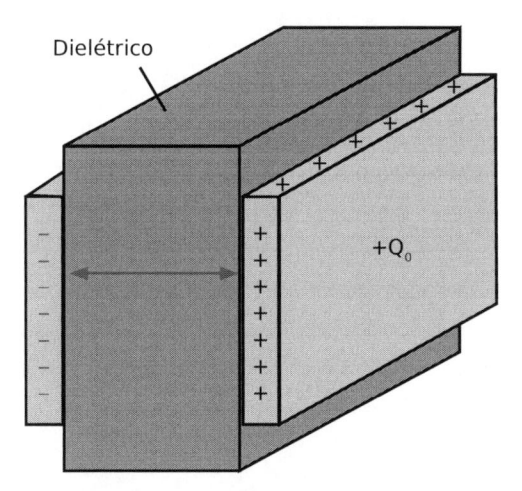

Fonte: Knight, 2009, p. 165.

Os materiais dielétricos utilizados entre as placas permitem que os capacitores mantenham certa diferença de potencial, dependendo do material utilizado, o que pode aumentar ou diminuir sua capacitância. Como visto, a permissividade dielétrica (ε) tem relação direta com a capacitância dos capacitores:

$$C = \epsilon \frac{A}{d}$$

A permissividade dos materiais é relacionada por meio da constante dielétrica (k) em relação à constante dielétrica do vácuo, que é igual a $\epsilon_0 = 8,85 \times 10^{-12} \, C^2/Nm^2$ (Knight, 2009). Desse modo, à temperatura ambiente, a constante dielétrica, ou permissividade relativa, é dada por:

$$K = \epsilon_T = \frac{\epsilon}{\epsilon_0}$$

Em que ϵ_r é a permissividade relativa do material, ou constante dielétrica (k); ε é a permissividade do meio; e ϵ_0 é a permissividade dielétrica do vácuo. O Quadro 5.1, a seguir, apresenta a constante e a rigidez dielétricas de alguns materiais à temperatura ambiente (25 °C).

Quadro 5.1 – Constante e rigidez dielétricas de alguns materiais

Material	Constante dielétrica (k)	Rigidez dielétrica (kv/mm)
Vácuo	1	
Ar (1 atm)	1,00059	23
Nitrogênio líquido	1,454	
Teflon	2,1	60
Polietileno	2,25	50
Benzeno	2,28	
Isopor	2,6	24
Lexan	2,96	16
Mica	3-6	150-220
Papel	3	16
Mylar	3,1	280
Plexiglas	3,4	30
Ploricloreto de vinila	3,4	29
Vidro	5	14
Neoprene	16	12
Germânico	16	
Glicerina	42,5	
Água	80,4	65
Titanato de estrôncio	310	8
Obeserve que esses valores são aproximados e para temperatura ambiente		

Fonte: Bauer; Westfall; Dias, 2012, p. 106.

Ao preencher o espaço entre as placas com um material dielétrico, é possível conseguir diminuir o campo elétrico entre as placas, o que permite que o capacitor seja capaz de armazenar uma maior quantidade de carga elétrica (Bauer; Westfall; Dias, 2012). O campo elétrico (E) entre as placas de um capacitor de placas paralelas é descrito por:

$$E = \frac{q}{\epsilon A}$$

Em que E é o campo elétrico entre as placas; q é a carga armazenada; ϵ é a permissividade do material dielétrico; e A é a área, com todas as unidades no Sistema Internacional de Unidades (SI).

Saiba mais

Existem diversos tipos de capacitores, como os capacitores cerâmicos, eletrolíticos, de mica, variáveis e de poliéster. A aplicação de cada um deles é o que os torna diferentes. Por exemplo, o capacitor eletrolítico torna os níveis de tensão em fontes mais estáveis, funcionando como filtros de ruídos. Já os capacitores cerâmicos são os mais utilizados em circuitos de corrente contínua (CC). Assim, antes de utilizá-los, é preciso conhecer suas aplicações.

5.6.1 Reatâncias

A grandeza reatância diz respeito à parte da impedância que não é relativa à resistência pura, e sim à parte que representa os elementos capacitivos ou indutivos do circuito. A reatância proporciona às cargas uma tendência a evitar variações no circuito. Como em circuitos de corrente alternada (CA) as grandezas variam constantemente, essa característica faz os componentes reativos interferirem nas respostas do circuito em comparação a circuitos puramente reativos, os quais não interferem nas formas de onda nem na posição das senoides das grandezas tensão e corrente (Boylestad, 2011).

5.6.2 Reatância indutiva

A reatância indutiva é a grandeza que se opõe à variação no nível de corrente no circuito pela presença de indutâncias no circuito. Em circuitos CA, como há variação constante de corrente proveniente da alimentação, esse tipo de reatância se opõe à corrente (Boylestad, 2011). Para calcular a reatância em determinado indutor, utilizamos a seguinte fórmula:

$$X_L = 2\pi fL$$

Em que:
- X_L = reatância indutiva em ohms (Ω);
- f = frequência de alimentação em hertz (Hz);
- L = indutância em henry (H).

5.6.3 Reatância capacitiva

A reatância capacitiva é a grandeza que se opõe à variação no nível de tensão no circuito pela presença de capacitâncias no circuito. Como em circuitos CA há variação constante de tensão proveniente da alimentação, esse tipo de reatância se opõe à tensão (Boylestad, 2011). Para calcular a reatância em determinado indutor, utilizamos a seguinte fórmula:

$$X_c = \frac{1}{2\pi fC}$$

Em que:
- X_C = reatância capacitiva em ohms (Ω);
- f = frequência de alimentação em hertz (Hz);
- C = capacitância em faraday (F).

5.7 Impedância de elementos puramente reativos

O módulo da impedância de uma carga puramente reativa é igual ao valor de sua reatância. O ângulo da impedância é dado pelo tipo de reatância, capacitiva ou indutiva, do circuito. As indutâncias apresentam ângulo de 90°. Já as capacitâncias apresentam ângulo de –90° em relação ao ângulo da tensão de alimentação (Boylestad, 2011).

Figura 5.18 – Diagrama complexos de reatâncias

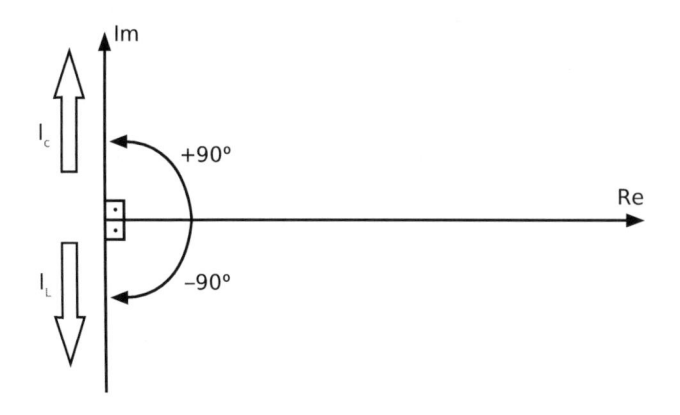

Fonte: Gussow, 2009, p. 65.

Como o valor da corrente de ramo é determinado pela divisão entre tensão e impedância, isso faz com que os ângulos da impedância e da corrente sejam contrários. As reatâncias indutivas apresentam ângulos positivos e geram ângulos de corrente negativos. Já as reatâncias capacitivas apresentam ângulos negativos e geram ângulos de corrente positivos (Boylestad, 2011).

5.8 Defasagens entre tensão e corrente em circuitos RCL

As reatâncias capacitiva e indutiva provocam efeitos contrários nos sistemas CA. Conforme descrito anteriormente, o valor do ângulo da corrente em reatâncias indutivas é negativo e, em reatâncias capacitivas, é positivo. Essa variação de ângulo determina a defasagem em relação à forma de onda da tensão (Boylestad, 2011). Com a análise dos ângulos, podemos definir que:

- as indutâncias provocam atrasos da corrente em relação à tensão;
- as capacitâncias provocam atrasos da tensão em relação à corrente.

> **Saiba mais**
>
> As análises dos efeitos reativos em circuitos RCL paralelos devem ser feitas pelos valores das correntes de cada ramo, que serão somados conforme a lei de Kirchhoff das correntes, e não pelas reatâncias, pois estas não podem ser subtraídas como em circuitos RCL série.

5.9 Cálculos em circuitos RCL paralelos

5.9.1 Circuitos RC paralelos

O circuito RC paralelo consiste na associação de um resistor em paralelo a um capacitor, conforme mostrado na Figura 5.19, a seguir.

Figura 5.19 – Circuito RC paralelo

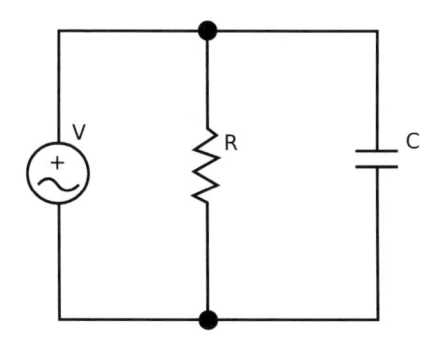

Fonte: Gussow, 2009, p. 85.

Como os elementos em paralelo recebem o mesmo nível de tensão, temos:

$$V = V_R = V_C$$

Em que:
- V_R = tensão no resistor em volts (V);
- V_C = tensão no capacitor em volts (V).

Para determinar a corrente em circuitos em paralelo, basta dividir o valor da tensão aplicada em cada componente (nesse caso, a mesma em todos) e dividir pela impedância do componente:

$$I_R = \frac{V_R}{R}$$

$$I_C = \frac{V_C}{-jX_C}$$

Em que:

- I_R = corrente no resistor em ampères (A);
- I_C = corrente no capacitor em ampères (A).

O valor de impedância total para circuitos RC paralelos é obtido por:

$$\frac{1}{Z_T} = \frac{1}{R} + \frac{1}{-jX_C}$$

ou

$$Z_T = \frac{V_T}{I_T}$$

5.9.2 Circuitos RL paralelos

O circuito RCL paralelo consiste na associação de um resistor, um capacitor e um indutor em paralelo, conforme mostrado na Figura 5.20, a seguir.

Figura 5.20 – Circuito RCL paralelo

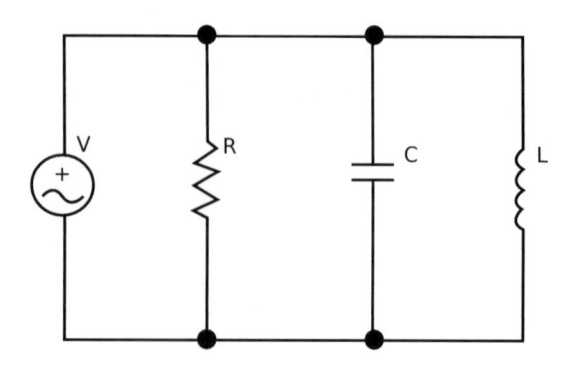

Fonte: Gussow, 2009, p. 89.

Para esse circuito, você vai utilizar as resoluções dos dois últimos exemplos, juntando-as para a constituição da análise do circuito. Como elementos reativos indutivos e capacitivos têm efeitos opostos na corrente, a análise terá como base uma compensação de reatâncias, sendo que a maior determinará qual será o efeito reativo do circuito. Como os elementos em paralelo recebem o mesmo nível de tensão, temos:

$$V = V_R = V_C = V_L$$

Em que:

V_R = tensão no resistor em volts (V);
V_C = tensão no capacitor em volts (V);
V_L = tensão no indutor em volts (V).

O valor de impedância total para circuitos RC paralelos é obtido por:

$$\frac{1}{Z_T} = \frac{1}{R} + \frac{1}{-jX_C} + \frac{1}{jX_L}$$

ou

$$Z_T = \frac{V_T}{I_T}$$

5.10 Reatâncias em circuitos reais

Os circuitos usuais não são constituídos somente de indutâncias. Assim, quando analisamos circuitos RCL paralelos para situações reais, existem resistores associados às indutâncias e às capacitâncias. Em caso de acionamento de motores assíncronos, há uma predominância da carga reativa indutiva, mas com uma resistência dos enrolamentos das bobinas. Isso ocasiona uma relação RL, na qual o ângulo da impedância θ estará entre 0 e $-90°$. Quanto maior for a utilização de cargas com características reativas, maior será o valor da corrente reativa no sistema. A corrente reativa não proporciona a entrega de potência ativa ao sistema.

Por que isso acontece? Porque ela é um tipo de corrente que aumenta a taxa de ocupação da rede, reduzindo, assim, a possibilidade de entrega de uma maior quantidade de potência ativa. Para mensurarmos o quão críticas são as cargas reativas no sistema, vamos utilizar o fator de potência (FP): quanto maior for seu valor, mais eficiente, eletricamente, será o circuito.

5.10.1 Circuito de ramos RL e RC em paralelo

Os circuitos de ramos RL e RC em paralelo são mais comuns em circuitos reais e consistem na associação paralela entre um ramo RL e um ramo RC, conforme mostrado na Figura 5.21, a seguir.

Figura 5.21 – Circuito de ramos RC e RL em paralelo

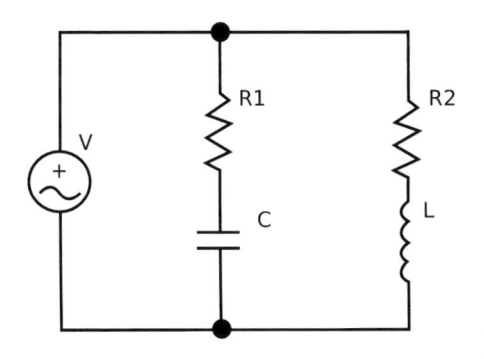

Fonte: Gussow, 2009, p. 102.

Para esse circuito, você vai utilizar as resoluções dos dois últimos exemplos, juntando-as para a constituição da análise do circuito. Como elementos reativos indutivos e capacitivos têm efeitos opostos na corrente, a análise terá como base uma compensação de reatâncias, sendo que a maior determinará qual será o efeito reativo do circuito. Como os elementos em paralelo recebem o mesmo nível de tensão, temos:

$$V = V_{R1} + V_C = V_{R2} + V_L$$

Em que:
- V_{R1} = tensão no resistor 1 em volts (V);
- V_{R2} = tensão no resistor 2 em volts (V);
- V_C = tensão no capacitor em volts (V);
- V_L = tensão no indutor em volts (V).

Para determinar a corrente em circuitos em paralelo, basta dividir o valor da tensão aplicada em cada componente (nesse caso, a mesma em todos) e dividir pela impedância do componente, utilizando as seguintes fórmulas:

$$I_R = \frac{V}{R - JX_C}$$

$$I_C = \frac{V}{R + JX_L}$$

O valor de impedância total para circuitos RC paralelos é obtido por:

$$\frac{1}{Z_T} = \frac{1}{R - JX_C} + \frac{1}{R + JX_L}$$

ou

$$Z_T = \frac{V_T}{I_T}$$

5.10.2 Correção do fator de potência

Para realizar o mesmo trabalho em sistemas alimentados por energia elétrica, não é possível reduzir a potência ativa do circuito. Assim, como a potência reativa pode ser reduzida para que haja uma redução consequente na potência aparente do sistema? O ângulo φ representa o quão eficiente é a instalação: quanto menor for seu valor, menor será o consumo reativo da instalação.
A correção do fator de potência ocorre com esse

princípio: quando a intenção é reduzir o consumo reativo para que haja uma redução da corrente que circula nos circuitos da instalação. Para a redução do consumo reativo da instalação, utilizamos o método de instalação paralela de elementos de reatância contrária. É essa reatância que reduzirá o consumo reativo total do sistema. Um exemplo típico da correção do fator de potência é a aplicação desse sistema em motores elétricos, conforme representado na Figura 5.22, cuja carga indutiva provoca um baixo fator de potência da instalação (Gussow, 2009).

Figura 5.22 – Exemplo de carga com baixo fator de potência

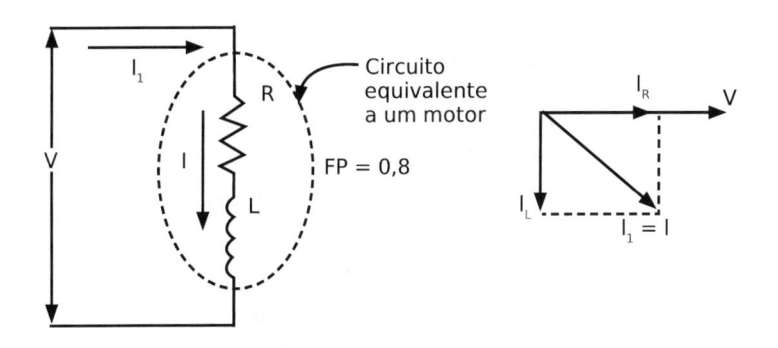

Fonte: Gussow, 2009, p. 109.

Para a correção do fator de potência por excesso de reativo indutivo, utilizamos a instalação de elementos capacitivos em paralelo, como o circuito da Figura 5.23, no qual a corrente reativa devida à presença de elemento reativo indutivo é suprida pela corrente reativa capacitiva do elemento de correção do fator de potência.

Figura 5.23 – Correção do fator de potência com a instalação de capacitor em paralelo

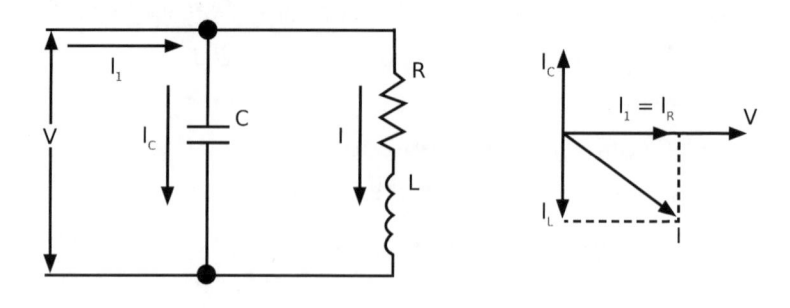

Fonte: Gussow, 2009, p. 113.

A correção do fator de potência é bem ilustrada pela Figura 5.23, na qual o elemento capacitivo compensa toda a corrente reativa indutiva do motor. No entanto, em aplicações industriais, a correção completa do fator de potência não é utilizada, em virtude da normatização nacional, que estabelece valores aceitáveis de FP próximos a 1 (podendo haver tolerância), o que facilita o controle dessa grandeza (WEG, 2021).

Síntese

- Você tomou conhecimento de que, com base no conceito de capacitores, podemos calcular grandezas que utilizamos em nosso dia a dia, além de diferenciar o que é um capacitor em um circuito.
- O conhecimento do conceito de capacitores em série e em paralelo é importante tanto para saber diferenciar os capacitores dos resistores quanto para saber calcular o tipo de capacitor.
- Esse conhecimento é a base para que você se aprofunde no estudo de capacitores e possa, se assim desejar, desenvolver sua carreira nessa área, com oportunidades de trabalhar em engenharia elétrica ou qualquer ramo técnico voltado ao eletromagnetismo e em quaisquer outras áreas que puder idealizar.

Magnetostática

6

Conteúdos do capítulo:

- Indução eletromagnética.
- Fluxo magnético.
- Lei de Faraday e força eletromotriz.
- Lei de Gauss.
- Lei de Faraday.
- Lei de Ampère-Maxwell.
- Experimento de Faraday.
- Solenoide.
- Lei de Lenz.

Após o estudo deste capítulo, você será capaz de:

1. definir magnetostática;
2. diferenciar as leis estudadas no eletromagnetismo;
3. identificar as leis do eletromagnetismo.

Neste capítulo, vamos observar que a energia elétrica é, para todos nós, não apenas uma realidade, mas uma necessidade. Ela nos garante melhores condições de tratamento de saúde, trabalho, segurança alimentar e tantos outros aspectos de nossa sociedade, sem os quais não conseguiríamos viver.

Você estudará as leis de Faraday e de Lenz, que descrevem matematicamente o fenômeno da indução eletromagnética. Elas revelam que a variação de fluxo de campo magnético através de um condutor induz força eletromotriz f_{em}, ou seja, uma tensão entre os terminais de um condutor que pode gerar corrente elétrica, que é o princípio de funcionamento de geradores de energia e motores elétricos de corrente alternada. Você também saberá identificar o sentido de uma f_{em} induzida e calculá-la em um condutor que se move através de um campo magnético.

A lei de Faraday e a lei de Lenz explicam o funcionamento de motores elétricos, de transformadores e, até mesmo, de uma guitarra elétrica. Em todos os casos, um campo magnético varia através de um conjunto de espiras. A taxa de variação temporal do fluxo magnético produz uma força eletromotriz capaz de criar uma corrente elétrica que pode ser útil para realizar algum tipo de trabalho.

Um gerador de energia de uma usina hidrelétrica, um freio magnético e um sistema KERS (*kinetic energy recovery system*, ou sistema de recuperação de energia cinética) também são exemplos da aplicação dos princípios da lei de indução Faraday-Lenz para transformar um tipo de energia em outro. Neste capítulo, você vai aprender como a variação de um fluxo magnético produz uma força eletromotriz em uma espira (ou em um conjunto delas, como no caso de uma bobina). Por meio de dois experimentos simples realizados por Michael Faraday, você será capaz de compreender a equação da indução eletromagnética, bem como suas implicações e propriedades. O sentido da corrente elétrica induzida também será discutido com base na lei de Lenz.

Tão importante quanto compreender os efeitos dos campos magnéticos em partículas e materiais é entender o que produz campo magnético e como calculá-lo. Os estudos e as experiências de Ampère levaram ao desenvolvimento de uma lei que relaciona o campo magnético com correntes elétricas, proporcionando uma maneira simples de determinar esse campo e explorando as simetrias do problema.

Neste capítulo, você estudará a lei de Ampère e os termos que compõem a equação. Por meio de exemplos, você aprenderá a aplicar essa importante lei em inúmeras situações e perceberá todo o seu poder matemático ao explorar simetrias. Por fim, você conhecerá o solenoide e o toroide, que são arranjos de enrolamentos de fios de corrente muito utilizados em equipamentos industriais, circuitos elétricos e outras aplicações, e aprenderá a calcular o campo magnético em seu interior.

6.1 Indução eletromagnética

Você deve lembrar-se de que o campo magnético afeta a trajetória de partículas carregadas em movimento, por meio da força de Lorentz. Certamente, você também se recorda de que cargas em movimento, ou corrente elétrica, são fontes de campo magnético.

No entanto, como podemos gerar corrente elétrica com o campo magnético? Era isso que Michael Faraday, físico britânico, tentava descobrir no início do século XIX. Faraday realizou uma série de experimentos na tentativa de mostrar que campo magnético poderia gerar corrente elétrica, mas sem sucesso.

Dessa forma, ele percebeu que, durante a abertura e o fechamento do interruptor de uma bobina primária, como mostrado na Figura 6.1a, uma corrente surgia em um curtíssimo intervalo de tempo na bobina secundária, percebida por um galvanômetro.

Quando ele fechava o interruptor, a corrente elétrica era induzida em um sentido e, quando abria a chave, ela era induzida no sentido oposto, de forma praticamente instantânea.

Ele intuiu que a causa daquele pico de corrente pudesse ser a variação do campo magnético. Para testar a hipótese, Faraday propôs outros experimentos (também ilustrados na Figura 6.1) e, em todos eles, a corrente elétrica foi observada. Isso explicava o porquê de seus experimentos anteriores não terem dado resultados promissores, pois, enquanto ele tentava produzir correntes a partir de campos magnéticos uniformes e constantes, era necessário que houvesse variação de campo magnético.

Figura 6.1 – Ilustração dos experimentos realizados por Faraday para demonstrar o fenômeno de indução eletromagnética

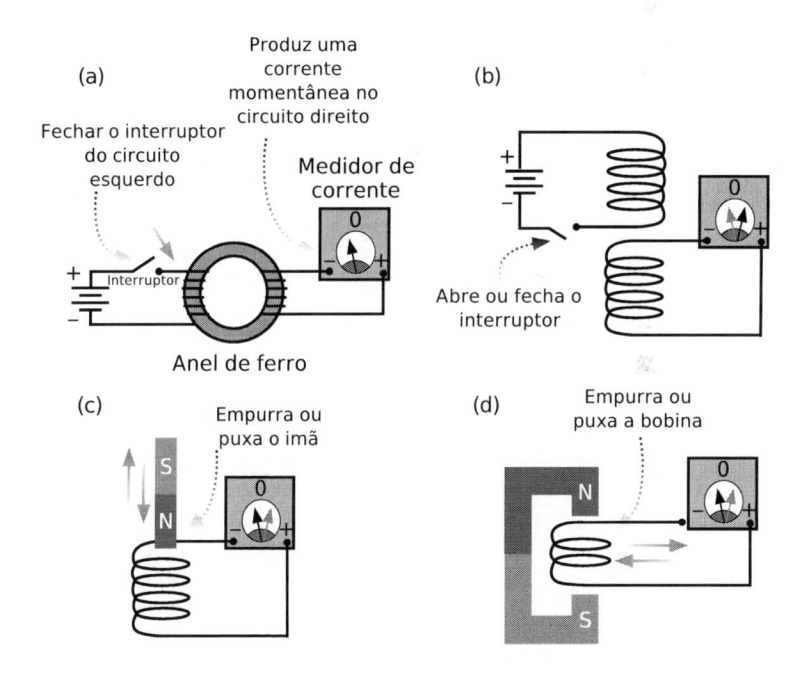

(a) Fechar o interruptor do circuito esquerdo
Produz uma corrente momentânea no circuito direito
Medidor de corrente
Interruptor
Anel de ferro

(b) Abre ou fecha o interruptor

(c) Empurra ou puxa o imã

(d) Empurra ou puxa a bobina

Fonte: Knight, 2009, p. 998.

Ocorre que, ao manter o interruptor fechado (a), a corrente elétrica na primeira bobina gera campo magnético no anel de ferro, mas nenhuma corrente é medida no enrolamento secundário.

Contudo, no instante em que o interruptor fecha e abre, uma corrente momentânea é observada. O mesmo efeito é observado sem o anel de ferro, como em (b); movendo um ímã, como em (c); ou movendo a bobina, como em (d).

6.2 Fluxo magnético

Quando você pensa em fluxo, o que vem à sua mente? Fluxo de ar, fluxo de água? Quando falamos em *fluxo*, do ponto de vista físico, estamos analisando um campo vetorial que atravessa determinada área de superfície.

Podemos pensar em um fluido em uma tubulação, no ar em uma turbina ou mesmo no campo elétrico através de uma superfície gaussiana. Quando você estudou a lei de Gauss, precisou calcular o fluxo de campo elétrico através de uma superfície escolhida e igualar a carga envolvida dividindo pela permissividade elétrica do vácuo.

$$\Phi_B = \int_S B ds$$

Ou seja, o fluxo de campo magnético que atravessa uma superfície S delimitada por um condutor é dado pela integral do campo magnético em relação ao diferencial de superfície dS. A unidade de medida de fluxo magnético no Sistema Internacional de Unidades (SI) é o weber: 1 weber = 1 Wb = 1 Tm².

Se o campo magnético é uniforme, o fluxo magnético é simplesmente definido por:

$$\Phi_B = \vec{B} \cdot \vec{A} = BA\cos\theta$$

Em que $|\vec{A}| = A$ é a área da superfície, apontando na direção perpendicular ao ponto do plano formado pela espira ou pelo circuito, com sentido definido seguindo a regra da mão direita para corrente positiva, e θ é o ângulo entre esses vetores.

Parece complicado, mas a discussão a seguir ajudará na compreensão desse conceito. Na Figura 6.2, você pode observar um campo uniforme e constante sendo aplicado em uma região do espaço, onde há uma espira retangular de lados a e b. Como o vetor $\vec{dS} = A\hat{n}$ aponta na direção perpendicular à superfície, quando o campo magnético também é perpendicular ao plano da espira, temos que o fluxo magnético é máximo: $\Phi_B = \vec{B} \cdot \vec{A} = Bab$.

Já quando a espira está inclinada de um ângulo θ em relação à direção do campo magnético, o produto escalar é dado por: $\Phi_B = \vec{B} \cdot \vec{A} = Bab\cos\theta$. Isso significa que a área efetiva da espira é a que é vista segundo a direção do campo.

Finalmente, se o campo magnético estiver aplicado na mesma direção do plano da espira, sendo paralelos, não há linhas de campo que atravessem a superfície, e o fluxo magnético é nulo.

Portanto, sempre que o campo magnético for uniforme em todos os elementos de área da superfície, não é necessário realizar nenhuma integral, apenas multiplicar o campo pela área efetiva.

Figura 6.2 – Linhas de campo magnético que atravessam uma espira em diferentes ângulos

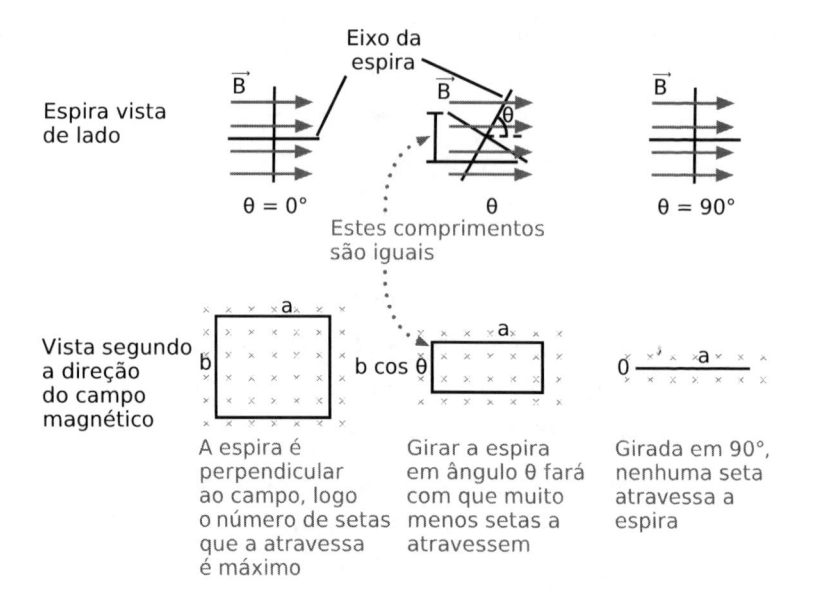

Espira vista de lado

$\theta = 0°$

Eixo da espira

θ
Estes comprimentos são iguais

$\theta = 90°$

Vista segundo a direção do campo magnético

b

A espira é perpendicular ao campo, logo o número de setas que a atravessa é máximo

b cos θ

Girar a espira em ângulo θ fará com que muito menos setas a atravessem

0

Girada em 90°, nenhuma seta atravessa a espira

Fonte: Knight, 2009, p. 1049.

Existe situações simples em que o campo magnético não uniforme dobre uma espira, como o campo magnético gerado por um fio condutor próximo. Veja o exemplo a seguir e compreenda como efetuar o cálculo do fluxo magnético para esse caso.

No exemplo anterior, o campo magnético não era uniforme em relação à superfície, mas era constante, ou seja, não variava no tempo. Como a espira também estava fixa, o fluxo magnético encontrado era constante. Faraday concluiu que apenas a variação do fluxo magnético é capaz de produzir uma corrente na espira. Observe, a seguir, como a variação do fluxo relaciona-se com a força eletromotriz e a corrente.

Exercício resolvido

As imagens obtidas por ressonância magnética requerem uma intensidade de campo magnético de 1,5 T. O solenoide tem 1,8 m de comprimento e 77 cm de diâmetro, e suas espiras estão firmemente enroladas em uma única camada de fio supercondutor com diâmetro de 2 mm. Que intensidade de corrente é necessária?

a) 2,4 kA.
b) 3,0 mA.
c) 2,15 MA.
d) 919,12 kA.
e) 2,39 MA.

Gabarito: a

Feedback **do exercício em geral:**
Primeiro, calcule o número de espira que está contido em 1,8 m de comprimento do solenoide:

1º) É preciso transformar o diâmetro do fio para m, pois ele se encontra em mm.

2 mm = 2 × 10^{-3} m

2º) Depois, é necessário dividir o comprimento total do fio pelo diâmetro calculado anteriormente:

Resultado: 900 (esse valor refere-se ao número de espiras contidas em 1,8 m de comprimento do fio).

3º) Agora, é só fazer o cálculo:

$$B = \frac{\mu_0 NI}{L}$$

$$1,5 = \frac{(4\pi 900 I)}{1,8}$$

$$I = 2,4 \text{ kA}$$

6.3 Lei de Faraday e força eletromotriz

Como você observou nos experimentos de Faraday, a variação do fluxo magnético através de uma espira gerou uma corrente induzida. De alguma forma, forças eletromagnéticas atuam sobre as partículas portadoras de carga, induzindo corrente elétrica em um ou outro sentido do circuito fechado. Apesar de ainda não se compreender muito bem qual é o mecanismo que produz essas forças, podemos relacioná-las ao que chamamos de *força eletromotriz*. A força eletromotriz f_{em}, geralmente denotada pela letra grega ϵ, é uma grandeza escalar medida em volts (V), no SI.

Apesar de ser chamada de *força eletromotriz*, a unidade de medida da f_{em} é volts (V), como mencionado. Por apresentar a mesma unidade de medida que uma diferença de potencial (U), é muito comum achar que se trata do mesmo conceito, mas seus significados físicos são distintos. A força eletromotriz é o trabalho que uma força eletromagnética realiza quando transporta uma carga de um ponto a outro por um caminho específico, por unidade de carga. Já a diferença de potencial elétrico é independente de caminho.

A lei de Faraday oferece a relação matemática entre a f_{em} induzida (ε_{ind}) e a variação do fluxo magnético por meio da expressão:

$$\varepsilon_{ind} = \left| \frac{d\Phi_B}{dt} \right|$$

Ou seja, a taxa de variação do fluxo magnético no tempo é igual ao módulo da f_{em} induzida no circuito.
Se o circuito é composto por um condutor de resistência R, podemos determinar a intensidade de corrente I_{ind} que o percorre como:

$$\frac{\varepsilon_{ind}}{R} = I_{ind}$$

Nesta seção, você observou os experimentos de Faraday e compreendeu como o cientista chegou à conclusão de que a variação do fluxo de campo magnético através de uma espira, ou um conjunto delas, é capaz de gerar uma f_{em} e induzir corrente elétrica. No entanto, ainda não sabe como definir o sentido da corrente elétrica induzida. Na próxima seção, você conhecerá a lei de Lenz e as regras que determinam o sentido da indução de corrente.

Exercício resolvido

Considere um experimento com um ímã preso a um carrinho, o qual se desloca com velocidade constante ao longo de um trilho horizontal. Em uma extremidade do trilho, há uma espira metálica envolvendo-o. Com base na questão apresentada, o que se pode afirmar sobre a corrente elétrica?

a) A corrente elétrica é sempre nula, independentemente da situação em que o ímã se encontrar com a espira.

b) Somente existe corrente elétrica quando o ímã se aproxima da espira.

c) Somente existe corrente elétrica quando o ímã está dentro da espira.

d) Somente existe corrente elétrica quando o ímã se afasta da espira.

e) Haverá corrente elétrica tanto quando o ímã se aproximar da espira quanto quando o ímã se afastar da espira.

Gabarito: e

Feedback **do exercício:**
Há variação do fluxo magnético quando o ímã se aproxima da espira e também quando ele se afasta da espira, ora aumentando, ora diminuindo.

6.4 Experimento de Faraday

A hidrelétrica de Itaipu, localizada em Foz do Iguaçu – PR, gera energia elétrica a partir da queda de água de um reservatório gigante. A partir da geração da energia elétrica pelas turbinas, a energia é, então, distribuída para todas as casas em um raio próximo de sua localização. Porém, grande parte da energia elétrica gerada é também enviada para a cidade de São Paulo – SP, onde a demanda energética é muito grande.

    Para viajar distâncias tão grandes, os cabos elétricos, que fazem a ligação entre as duas cidades, conduzem a eletricidade em altas-tensões, de modo a diminuir a perda energética por meio do efeito Joule (aquecimento dos fios condutores). A geração de energia elétrica, bem como a elevação e posterior diminuição da tensão são baseadas no princípio da lei de indução de Faraday.

    A lei de indução de Faraday (vamos tratar dela logo mais) foi intrigante para os cientistas da época. Isso porque, se a descoberta de que uma carga em movimento gerava um campo magnético em sua volta já foi uma grande surpresa, a de que um campo magnético poderia produzir um campo elétrico e, assim, conduzir corrente também, foi uma surpresa maior ainda. Existia uma ligação aí, que Michael Faraday (1791-1867) e outros cientistas da época desvendaram experimentalmente e quantificaram.

Nos dias de hoje, as aplicações são inúmeras, como a produção de energia elétrica por meio do giro da turbina, a utilização de transformadores, o uso de guitarras elétricas, trens elétricos e magnéticos, fornos de fundição em metalúrgicas, entre várias tantas.

Para chegarmos à lei de Faraday propriamente dita, vamos considerar e discutir o experimento que levou Faraday a se perguntar por que o fenômeno observado ocorria.

Caso você tenha um ímã, um fio condutor e um amperímetro (um aparelho multiteste apresenta a função de amperímetro) ao seu alcance, pode fazer a verificação experimental daquilo que será abordado em seguida. A Figura 6.3 ilustra o aparato experimental simples, que consiste em uma espira ligada em série a um amperímetro. Como não existe nenhuma bateria ou outra fonte de força eletromotriz incluída, não há passagem de corrente pela espira.

Assim, o amperímetro permanece com seu ponteiro inalterado. Contudo, quando um ímã é aproximado da espira, o amperímetro detecta a passagem de corrente através desta. Quanto mais rápido o ímã passa pela espira, maior é a indicação de passagem de corrente.

Quando o ímã, ao invés de ser inserido na espira, é retirado dela, também surge uma corrente no amperímetro, porém, desta vez, no sentido contrário.

Agora, mais interessante que isso é quando o ímã é inserido na espira, fazendo a corrente fluir através do amperímetro, e repousa lá dentro. Nesse caso, nenhuma corrente é detectada no sistema. A corrente é detectada somente quando o ímã se move em relação à espira.

Ainda existe mais um resultado interessante a ser discutido. Quando se aproxima o ímã pelo seu lado norte em relação à espira (igual ao representado na Figura 6.3), a corrente flui no sentido horário. Já quando se afasta o polo norte do ímã em relação à espira, uma corrente no sentido anti-horário aparece.

A situação se repete quando o ímã aponta seu lado sul em relação à espira, porém as correntes são no sentido contrário do exemplo com o polo norte. Ou seja, o polo sul, aproximando-se, induz uma corrente no sentido anti-horário e, afastando-se, induz uma corrente no sentido horário.

Podemos resumir o que vimos na teoria aqui (mas, experimentalmente, você pode concluir da mesma forma) em três pontos principais:

1. Uma corrente aparece somente quando existe um movimento relativo entre a espira e o ímã (um deve mover-se em relação ao outro); a corrente desaparece quando o movimento relativo cessa.

2. Quanto mais rápido for o movimento relativo, maior será a corrente produzida na espira.
3. Quando o polo norte se aproxima ou o polo sul do ímã se afasta da espira, induzem uma corrente no sentido horário. Já quando o polo sul se aproxima ou o polo norte se afasta, produzem uma corrente no sentido anti-horário.

Figura 6.3 – Um ímã com o polo norte sendo aproximado de uma espira induz uma corrente elétrica no sentido horário, detectada pelo amperímetro ligado em série à espira

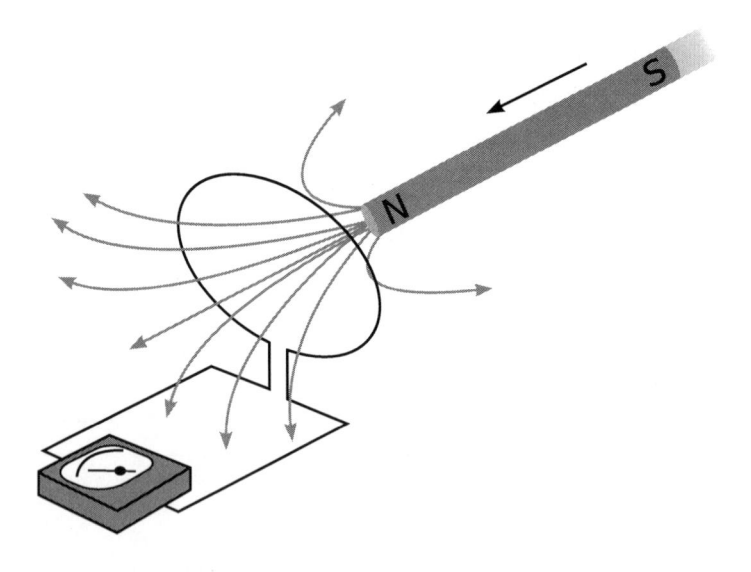

Fonte: Halliday; Resnick; Walker, 2014, p. 189.

A corrente gerada a partir do movimento do ímã em relação à espira é o que chamamos de *força eletromotriz induzida* (fem). Como o nome sugere, é uma força motriz (que faz causar um movimento, no caso, dos elétrons) de origem eletromagnética, induzida a partir de um ímã.

A fem induzida aparece como uma diferença de tensão ΔV_{ind} na espira. Um segundo experimento foi realizado por Faraday, porém, agora, com uma espira ligada a uma fonte no lugar do ímã, conforme ilustrado na Figura 6.4.

Essa espira é, então, aproximada de uma segunda espira, ligada ao amperímetro, mas sem tocá-la. Faraday notou que, quando a chave S estava aberta e era fechada (fazendo uma corrente fluir na espira ligada em série à fonte), uma corrente era induzida na segunda espira, que estava ligada ao amperímetro.

Permanecendo a chave S fechada, após um curto período de tempo, a corrente induzida na segunda espira deixaria de existir, mesmo que uma corrente continuasse a fluir na primeira espira.

Quando a chave S era aberta, interrompendo a passagem de corrente na primeira espira, novamente uma corrente aparecia na segunda espira, indicada pela marcação no amperímetro. No entanto, agora, a corrente era no sentido contrário da que havia fluído na primeira situação (quando a chave era fechada).

Novamente, após um curto período de tempo, a corrente induzida na segunda espira deixava de fluir. Nos dois experimentos, parece que uma fem induzida aparece quando existe a variação do campo magnético induzida por um ímã ou, ainda, quando ocorre a variação da corrente elétrica em uma espira colocada próxima de outra.

Mas, afinal, o que de fato causa o aparecimento de uma fem induzida na espira ligada ao amperímetro?

Figura 6.4 – Uma espira ligada a uma fonte e controlada a partir de uma chave S, colocada próxima de uma segunda espira, ligada a um amperímetro

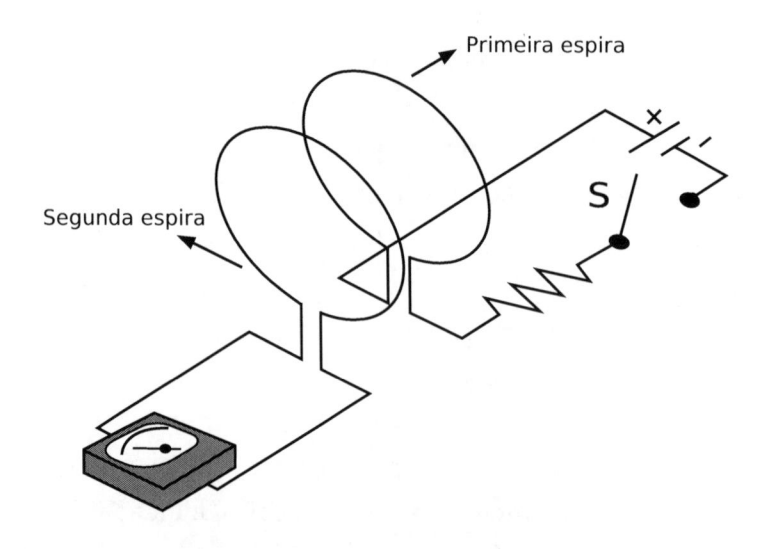

Fonte: Halliday; Resnick; Walker, 2014, p. 198.

6.5 Lei de Faraday

Para obtermos uma equação diferencial para a lei de indução de Faraday, devemos reescrever a equação em termos de componentes integrais e aplicar o teorema de Stokes. Acompanhe:

$$\underbrace{\oint_\gamma \vec{E}\cdot d\vec{l}}_{\text{Teorema de Stokes}} = -\frac{d}{dt}\int_\Gamma \vec{B}\cdot d\vec{S} \Rightarrow \int_\Gamma (\vec{\nabla}\times\vec{E})\cdot d\vec{S} =$$

$$= -\frac{d}{dt}\int_\Gamma \vec{B}\cdot d\vec{S} = -\int_\Gamma \frac{\partial \vec{B}}{\partial t}\cdot d\vec{S}$$

Como os dois lados da equação apresentam integração na mesma superfície Γ e assumimos que ela não varia com o tempo, basta comparar e concluir que:

$$\vec{\nabla}\times\vec{E} = \frac{-\partial \vec{B}}{\partial t}$$

Essa é a representação diferencial da lei de Faraday. Se você procurar interpretar o que essa equação indica, concluirá que qualquer variação temporal do campo magnético no espaço induzirá uma circulação de campo elétrico (campo elétrico rotacional), percorrendo uma trajetória fechada, no sentido oposto ao da regra da mão direita.

6.5.1 Lei de indução de Faraday

Nos dois experimentos apresentados, referentes às Figuras 6.3 e 6.4, a quantidade que está variando é o campo magnético. Como mostrado no exemplo da Figura 6.3, no momento em que o polo norte do ímã se aproxima da espira, cada vez mais linhas de campo magnético a atravessam.

O mesmo vale para quando o ímã tem seu polo sul direcionado e se aproxima da espira: as linhas de campo magnético que atravessam a espira vão aumentando à medida que o ímã se aproxima.

Por outro lado, em ambas as situações, quando o ímã permanece interno ou a uma distância fixa, ou seja, sem produzir um movimento relativo à espira, a quantidade de linhas de campo magnético permanece inalterada com o tempo. Nessa situação, nenhuma corrente é induzida na segunda espira.

Por sua vez, na situação da Figura 6.4, também existe um campo magnético variando com o tempo, mas, nesse caso, é um campo magnético induzido por uma corrente passando por uma espira (primeira espira).

Quando a chave seletora S da primeira espira se encontra aberta, não existe passagem de corrente por ela e, assim, não é induzida uma fem na segunda espira. No momento em que a chave seletora é fechada, fazendo fluir corrente elétrica na primeira espira, um campo magnético é criado em volta da primeira espira.

Como a chave estava inicialmente aberta e é, em seguida, fechada, a corrente pela primeira espira varia de zero ampère para um valor não nulo, determinado pela diferença de potencial da fonte e resistência ligada em série. Durante essa variação da corrente, o campo magnético gerado pela primeira espira também varia e, dessa forma, um campo magnético variável passa pela segunda espira e induz uma fem nela.

Depois de a corrente na primeira espira atingir um valor constante, o campo magnético emanado da primeira espira permanece inalterado no tempo. Nesse caso, a corrente deixa de existir na segunda espira.

Podemos concluir, assim, que a corrente elétrica (ou fem) induzida na espira da Figura 6.3 e na segunda espira da Figura 6.4 é devida à variação do campo magnético com o tempo. Ou seja, quando o número de linhas de campo magnético passando por uma espira varia, uma fem induzida é criada. Essa é a lei de indução de Faraday.

Note que a quantidade de linhas passando pela espira não importa, e sim a taxa com que a quantidade de linhas varia no tempo. Para quantificar a lei de indução de Faraday, é necessário calcular a quantidade de campo magnético passando por determinada área – em nosso exemplo, é a área de uma espira.

Você deve se lembrar de que, quando calculamos o campo elétrico para situações gerais (carga pontual, linhas de carga etc.), estipulamos uma superfície gaussiana que englobasse as cargas. Para tanto, precisávamos determinar o fluxo das linhas de campo elétrico emanado das cargas envolvidas pela superfície gaussiana, que foi definida como $\Phi E = \int E \cdot dA$.

Aqui, podemos definir o fluxo magnético de maneira análoga: suponha uma espira de área A inserida em um campo magnético B. O fluxo magnético através dessa espira pode ser calculado como:

$$\Phi B = \int B \cdot dA$$

O vetor dA sempre aponta perpendicularmente ao diferencial de área dA. Os vetores B e dA são multiplicados escalarmente e, portanto, as linhas de campo magnético que importam para o cálculo do fluxo magnético são aquelas que estão alinhadas com o vetor dA.

Um caso especial ocorre quando o campo magnético é uniforme e direcionado perpendicularmente à área da espira.

Nesse caso, podemos calcular o fluxo magnético da seguinte forma: B · dA · cos0° = BdA. Como o campo magnético é dito uniforme, podemos passar B para fora da integral, e a integral ∫dA nos dá a área total A da espira. Desse modo, a equação acima se resume em:
ΦB = BA (B paralelo à área A, sendo B uniforme)

A unidade para fluxo magnético é $T \cdot m^2$, também definido como $1\ T \cdot m^2 = 1\ Wb$ (weber). Até aqui, quantificamos o fluxo magnético. Contudo, como vimos pelos experimentos de Faraday, um campo magnético variável é que induz uma fem $\Delta V_{induzida}$ em uma espira.

Logo, a magnitude da fem induzida em uma espira condutora é igual à taxa com que o fluxo magnético ΦB varia com o tempo. Dessa forma, podemos formalmente escrever a lei de indução de Faraday como:

$$\Delta V_{induzida} = \frac{d\Phi_B}{dt}$$

O sinal de negativo na equação indica uma diferença de potencial que induz uma corrente elétrica geradora de um campo magnético, que, por sua vez, se opõe à variação do fluxo de campo magnético que a produz.

Quando temos uma bobina (conjunto de espiras interligadas e colocadas uma ao lado da outra), a fem induzida total é referente à fem induzida pelas espiras individualmente. Se uma bobina tem um conjunto de N espiras, a fem ΔV_{ind} total será dada pela multiplicação da fem ΔV_{ind} gerada por uma espira e o número de espiras:

$$\Delta V_{induzida} = -N\frac{d\Phi_B}{dt}$$

A f_{em} induzida pode ser produzida de diversas formas. É possível, por exemplo, mudar a magnitude de B, mudar a área da espira que se encontra dentro de um campo magnético uniforme e mudar o ângulo formado por B e dA. A seguir, vamos tratar de dois exemplos para calcular a f_{em} induzida em uma espira, quando o campo magnético é variado e quando existe uma espira em movimento.

6.5.2 Diferença de potencial induzida por um campo magnético variado

Qual é a f_{em} induzida em uma espira quando temos a área constante e a orientação entre o campo magnético e a área permanece constante? Nesse caso, podemos calcular a fem induzida utilizando a equação (8) da seguinte forma:

$$V_{ind} = -A\cos\theta \frac{dB}{dt}$$

Vamos aplicar esse conhecimento para resolver um problema físico. O solenoide S da Figura 6.5 tem 4 cm de diâmetro e é composto por 300 espiras/cm, conduzindo uma corrente elétrica de i = 2 A. Em seu centro, há uma bobina C de 100 voltas, com um diâmetro de 2 cm. A corrente no solenoide é, então, reduzida a zero, a uma taxa constante em 30 ms. Qual é a magnitude da fem induzida na bobina C enquanto a corrente no solenoide está mudando?

Figura 6.5 – Uma bobina C localizada internamente em um solenoide S, que conduz uma corrente *i*

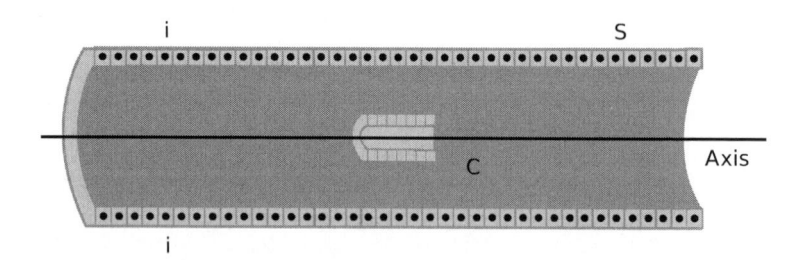

Fonte: Halliday; Resnick; Walker, 2014, p. 206.

Exemplificando

O solenoide S produz um campo magnético em seu interior, que é direcionado da esquerda para a direita (regra da mão direita em um fio condutor pelo qual está passando uma corrente).

O campo magnético interno é uniforme e, assim, existe um fluxo magnético pela bobina C. A corrente *i* vai de 2 A para 0 A em 30 ms, ou seja, existe uma variação do fluxo magnético no interior do solenoide, que causa uma fem induzida na bobina C.

Note, também, que o fluxo magnético no interior do solenoide é dado pelo campo magnético em seu interior, que é perpendicular à área transversal da bobina C. Dessa forma, o fluxo magnético pode ser calculado pela equação dada anteriormente.

Precisamos calcular o campo magnético no interior do solenoide nos dois instantes, quando i = 2 A e quando i = 0 A. A equação que relaciona o campo magnético de um solenoide é dada por $B = \mu_0 \cdot i \cdot n$, em que $\mu_0 = 4\pi \cdot 10^{-7}$ T.m/A $= 1{,}26 \cdot 10^{-6}$ T.m/A (constante de permeabilidade) e *n* é o número de espiras que compõem o solenoide.

Quando a corrente é nula (i = 0 A), B = 0 T. Já quando a corrente é de 2 A, o campo magnético pode ser calculado (n = 300 espiras/cm = 30 000 espiras/m):

$$= \mu_0 \cdot i \cdot n = 1{,}26 \cdot 10^{-6} \cdot 2{,}30000 = 75{,}6 \text{ mT}$$

Agora, podemos utilizar a equação dada para obter o fluxo magnético para cada instante. Quando B = 75,6 mT, ΦB = B · A = 75,6 · 10^{-3} · (πr^2). O raio do solenoide é de 2 cm = 0,02 m, logo: ΦB = 75,6 · 10^{-3} · (3,14 · $(0,02)^2$) = = 9,5 · 10^{-5} Wb. Já quando a corrente deixa de fluir pelo solenoide, o fluxo magnético também deixa de existir, indo a zero. Por fim, podemos calcular o módulo da fem induzida na bobina C, calculada pela seguinte equação (sendo N = 100 voltas):

$$\Delta V_{ind} = N\frac{d\Phi_B}{dt} = N\frac{d\Phi_B}{\Delta t} = 100 \cdot \frac{0 - 9,5 \cdot 10^{-5}}{25 \cdot 10^{-3}} = 380\,mV$$

Se uma resistência ou um componente microeletrônico, por exemplo, fossem ligados à bobina, a fem induzida poderia ser utilizada para realizar um trabalho útil.

6.6 Lei de Ampère

Ampère deu sequência a uma série de experimentos relevantes para o eletromagnetismo.

Como pode ser visto no experimento, a corrente elétrica é fonte de circulação de campo magnético, sempre ao longo de uma curva fechada. Os trabalhos e as experiências levaram Ampère a chegar à conclusão de que essa circulação ao longo de um caminho fechado é proporcional à intensidade de corrente englobada por essa curva, e a constante de proporcionalidade é μ_0, a permeabilidade magnética do vácuo, em que $\mu 0 = 4\pi \times 10^{-7}$ H/m. A maneira como essa descoberta se equaciona é a chamada *lei de Ampère*, definida como:

$$\int_\Gamma \vec{B} \cdot \vec{dl} = \mu_0 \cdot i_{env}$$

Essa equação integral, aparentemente complicada, pode ser utilizada para calcular o campo magnético de forma bastante simples em sistemas de distribuição de corrente com algum tipo de simetria.

Saiba mais

A grandeza permeabilidade magnética (μ) não tem uma unidade de medida específica. No SI, pode ser representada por H/m (henry por metro), N/A_2 (newton por ampère ao quadrado) ou, ainda, Tm/A (tesla metro por ampère), sendo as três unidades de medida equivalentes. Use a que achar conveniente.

No primeiro termo da lei de Ampère, você deve calcular uma integral de linha do produto escalar do campo vetorial $\vec{B}$, o campo magnético, com o elemento de linha $\vec{dl}$. O que isso significa geometricamente? Para cada pequeno elemento diferencial de comprimento da linha escolhida, você multiplicará apenas pela componente do campo magnético perpendicular a ela. No exemplo a seguir, você encontrará quatro curvas tomadas em uma região de campo magnético uniforme e linear, duas abertas e duas fechadas e verá como o cálculo de $\int_l \vec{B} \cdot \vec{dl}$ é feito.

Como você viu, os dois primeiros exemplos mostraram integrais de linhas abertas, e os dois posteriores, integrais de linhas fechadas, que iniciam e terminam no mesmo ponto. É esse último tipo de integral que você usará nos cálculos deste capítulo. Ampère descobriu que, quando uma curva fechada, também chamada *amperiana*, envolve uma quantidade de corrente *i*, o resultado da integral de linha é proporcional à quantidade de corrente envolvida.

No exemplo anterior, tínhamos um campo constante e uniforme $\vec{B} = B\hat{i}$, no qual qualquer curva fechada levaria ao mesmo resultado $\oint \vec{B} \cdot \vec{dl} = 0$, pois não há distribuição líquida de corrente que, envolvida pela curva, seja capaz de gerar esse tipo de campo magnético.

O segundo ponto importante que você deve compreender para aplicar essa lei de forma correta é: O que é e como calcular a corrente envolvida (i_{env})? A seguir, você examinará alguns exemplos de amperianas enlaçando fios de corrente e, em seguida, verá como determinar a corrente envolvida. Para que esse cálculo seja possível, é importante que você saiba que o sentido da curva amperiana determina o sentido positivo das correntes. Com os dedos de sua mão direita, acompanhe o sentido da curva de integração:

- Se a curva for no sentido anti-horário, seu polegar apontará para cima – nesse caso, correntes que saem da página são positivas, e as que entram, negativas.
- Se a curva for no sentido horário, seu polegar apontará para baixo – logo, as correntes positivas são aquelas que entram no plano da página, enquanto as que saem são negativas.

Certamente você deve ter percebido que é bastante simples determinar a corrente envolvida por qualquer curva escolhida. No entanto, no exemplo anterior, as curvas englobam todo o condutor. Como você deve proceder quando a curva envolve apenas uma parte dele? Nesse caso, é importante ter em mente o conceito de densidade superficial de corrente.

Exercício resolvido

Imagine a representação de dois fios condutores extensos e retilíneos, que estão dispostos perpendiculares ao plano da página. Estes estão separados por uma distância d = 20 cm, no ar. Ambos são percorridos por uma corrente elétrica de mesma intensidade, $i_1 = i_2 = 0{,}40$ A, mas em sentidos opostos. Determine o vetor campo magnético resultante gerado por esses dois fios condutores no ponto M (ponto médio do segmento d).

a) $8,3 \times 10^{-7}$ T
b) 83×10^{-7} T
c) $1,7 \times 10^{-6}$ T
d) $4,1 \times 10^{-7}$ T
e) Nenhuma das alternativas anteriores.

Gabarito: c

Feedback **do exercício:**

1º) O primeiro passo para calcular o campo magnético é identificar os campos magnéticos atuantes no ponto M, em razão das correntes elétricas 1 e 2. Isso pode ser obtido pela regra da mão direita. Aplicando tal regra, envolvendo o fio, verificamos que o campo magnético devido à corrente 1 e a corrente 2 têm a mesma direção e o mesmo sentido. Logo, o vetor campo magnético será vertical para cima.

2º) O módulo do vetor resultante será, portanto, a soma dos dois campos magnéticos:

$$B = B1 + B2$$

Como B1 será igual a B2, temos:

$$B = \frac{\mu_0 I}{2\pi r} = \frac{1,3 \cdot 10^{-6}}{2\pi 0,1} = 8,4 \cdot 10^{-7} \text{ T}$$

Como são dois campos magnéticos de módulos iguais, temos:

$$B = B1 + B2 = 2 \times 8,410^{-7} \text{ T} = 1,610^{-6} \text{ T}$$

6.6.1 Vetor densidade superficial de corrente $\vec{j}$

Quando um condutor transporta determinada quantidade de corrente *i*, não sabemos, a princípio, por onde os elétrons (ou outros portadores de carga) fluem em relação à seção transversal do fio. O vetor densidade superficial de corrente é que traz essa informação.

Se um condutor circular de raio R, como o da Figura 6.6 transporta corrente de forma uniformemente distribuída, então o módulo da densidade de corrente é constante e definido como:

$$J = \frac{i}{\text{Área}} = \frac{i}{\pi R^2}$$

Sua unidade de medida, no SI, é A/m^2.

Figura 6.6 – Fio de seção transversal circular, transportando corrente uniformemente distribuída

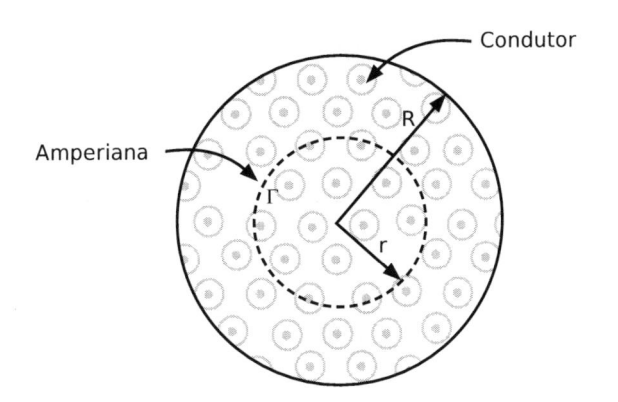

Fonte: Knight, 2009, p. 1015.

A corrente envolvida por uma curva amperiana Γ interna ao condutor é o fluxo da densidade de corrente que atravessa a superfície delimitada por essa curva. Ou seja:

$$i_{env} = \int_{S(\Gamma)} \vec{J} \cdot \vec{dS}$$

Em que dS é o elemento diferencial de área. Se $\vec{J}$ é constante e perpendicular à superfície, então:

$$i_{env} = \int_{S(\Gamma)} \vec{J} \cdot \vec{dS} = \iint_{S(\Gamma)} dS = \frac{i}{\pi R^2} \cdot \pi r^2 = \frac{ir^2}{R^2}$$

Dependendo do condutor, essa distribuição de fluxo de cargas pode não ser uniforme. É bastante comum que a corrente elétrica seja conduzida com mais intensidade quando mais próxima das bordas do condutor, efeito que acontece principalmente em condutores de corrente alternada.

6.6.2 Campo magnético de uma distribuição de corrente simétrica

Como você já deve saber, correntes elétricas são fontes de campo magnético, que circulam ao seu redor no sentido dado pela regra da mão direita. A lei de Ampère proporciona uma maneira fácil e eficaz de calcular uma expressão para esse campo magnético quando o sistema apresenta simetrias que podem ser exploradas. Um fio reto, longo, de seção reta circular e corrente *i* é um exemplo, como mostrado na Figura 6.7, a seguir.

Figura 6.7 – Fio de seção transversal circular, transportando corrente uniformemente distribuída

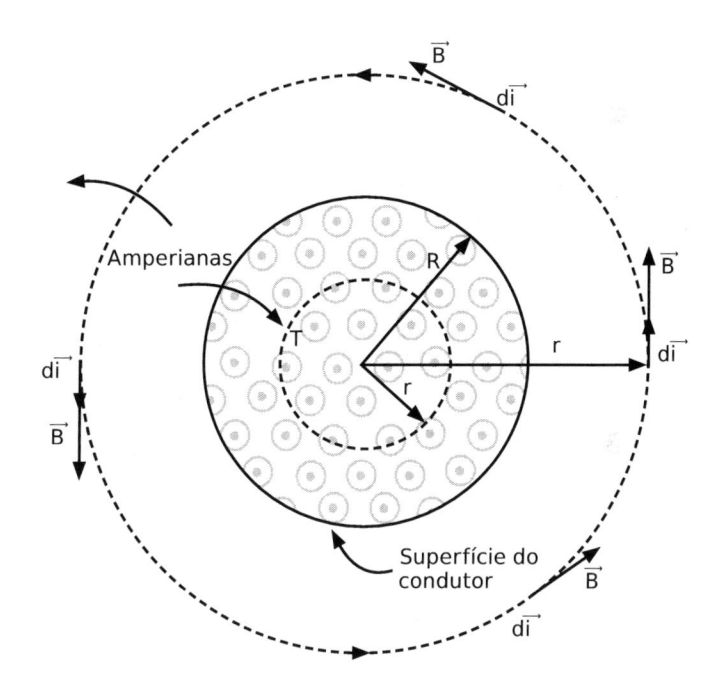

Fonte: Knight, 2009, p. 1028.

Em qualquer amperiana de simetria cilíndrica tomada, centrada no eixo, externa ou interna ao condutor, as linhas de campo magnético têm a mesma direção que o elemento de linha e o módulo constante.

O fio apresenta simetria cilíndrica, e o campo magnético gerado pela corrente tem o mesmo módulo em todos os pontos ao redor do condutor à mesma distância r. Logo, é conveniente que você escolha uma ampèriana de mesma simetria, no caso, uma curva fechada circular, e aproveite o fato de o campo magnético ser constante em todos os pontos e ter mesma direção. Quando r > R, amperiana na região externa do condutor, temos que:

$$\int_\Gamma \vec{B} \cdot \vec{dl} = \mu_0 i_{env} = B\int_\Gamma dl = \mu_0 \cdot i = B(2\Pi r) = \mu_0 i$$

Logo, o campo magnético externo a um condutor reto e longo é:

$$B_{fio} = \frac{\mu_0}{2\pi r}, r > R$$

Em que r é a distância radial calculada a partir do centro do fio.

Para a região interna ao fio, ou seja, quando r < R, você precisa determinar a corrente envolvida. Considerando um condutor maciço com distribuição uniforme de corrente, temos que:

$$\oint_\Gamma \vec{B} \cdot \vec{dl} = \mu_0 \cdot i_{env} = B(2\pi r) = \mu_0 \int_{S(\Gamma)} J dS = \frac{\mu_0 \cdot i}{\pi R^2} \cdot \pi r^2 = \frac{\mu_0 \cdot i \cdot r^2}{R^2}$$

Ao isolar B na equação, você obterá o campo magnético em um condutor reto, longo e de distribuição uniforme de corrente:

$$B_{fio} = \frac{\mu_0 \cdot i \cdot r}{2\pi R^2}, \; r < R$$

Quando r = R, na borda do fio condutor, ambos os resultados devem levar à mesma resposta, o que ocorre nesse caso e garante a continuidade do campo magnético. Podemos representar esse campo em um gráfico.

Na Figura 6.8, você pode observar que, na região interna do fio, o campo magnético cresce linearmente com r. Ao atravessar a borda, o campo começa a decrescer com o inverso do quadrado da distância, como já era esperado.

Figura 6.8 – Gráfico do campo magnético de um fio de seção transversal circular, transportando corrente uniformemente distribuída, em função da distância radial a partir de seu eixo de simetria

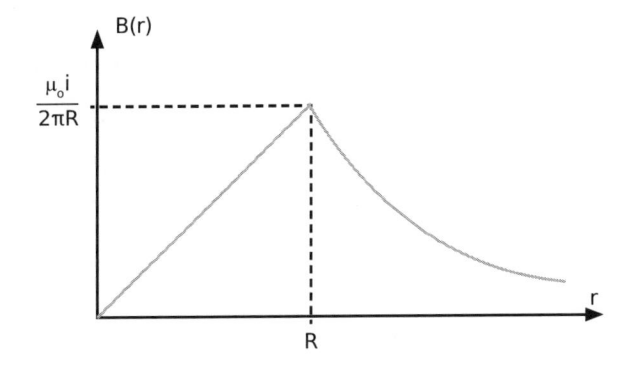

Fonte: Knight, 2009, p. 1035.

6.6.3 Campo magnético de solenoides

Quando você observar um circuito eletrônico, um transformador, um indutor, um motor elétrico, entre outros dispositivos, é muito provável que você encontre um enrolamento de fios em formato helicoidal, como várias espiras circulares muito próximas. Em alguns casos, você verá esses enrolamentos, também conhecidos como *bobinas*, com eixo retilíneo, os solenoides.

Em outros casos, você verá enrolamentos em formato de rosquinha ou pneu, com eixo circular. Esse último tipo de enrolamento é chamado de *toroide*, pois, matematicamente, essa geometria é conhecida como "*toro* ou *torus*. Essas geometrias são interessantes para se gerar campo magnético uniforme em seu interior.
Na sequência, você aprenderá como calculá-lo.

6.7 Solenoides

Quando queremos gerar um campo magnético uniforme, com mesmo módulo e mesma orientação em qualquer ponto de determinada região do espaço, utilizamos os solenoides, bobinas de fios enrolados de forma helicoidal transportando uma corrente i, que circula por espira do enrolamento.

Figura 6.9 – Representação gráfica de um solenoide ideal, em que o campo é uniforme em seu interior e nulo no exterior

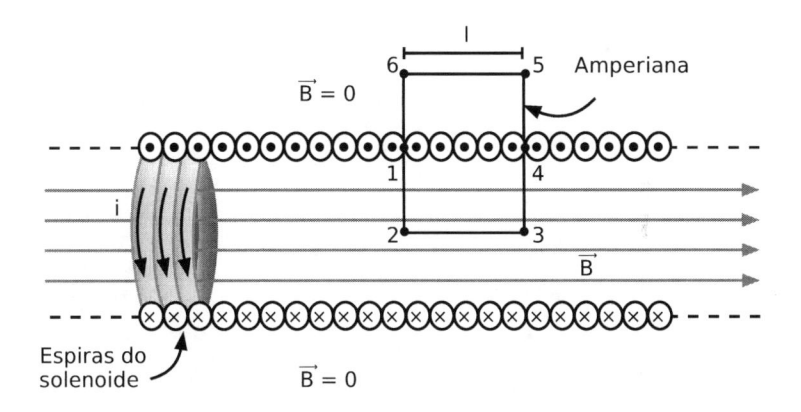

Fonte: Knight, 2009, p. 1048.

A Figura 6.9 mostra uma seção transversal de um solenoide ideal, em que a corrente elétrica que circula nos fios "sai" da página na região superior e "entra" na parte inferior. Pela regra da mão direita, você deve recordar que o sentido da corrente proverá o sentido do momento de dipolo magnético de cada espira e, como consequência, o sentido do vetor campo magnético. Para calcular o campo magnético, você pode desenhar uma amperiana como a da figura, retangular e orientada no sentido anti-horário, e analisar o campo magnético em cada trecho:

$$\oint_\Gamma \vec{B} \cdot \vec{dl} = \int_1^2 \vec{B} \cdot \vec{dl} + \int_2^3 \vec{B} \cdot \vec{dl} + \int_3^4 \vec{B} \cdot \vec{dl} + \int_4^5 \vec{B} \cdot \vec{dl} + \int_5^6 \vec{B} \cdot \vec{dl} + \int_1^6 \vec{B} \cdot \vec{dl}$$

Como na região dos trechos 4 → 1 o campo é nulo, as integrais também se anularão. Os elementos de linha das integrais de 1 → 2 e 3 → 4 são perpendiculares às linhas de campo magnético, fazendo com que as integrais também se anulem, já que se trata de um produto escalar. Resta apenas a integral entre 2 → 3:

$$\int_\Gamma \vec{B} \cdot \vec{dl} = \int_2^3 \vec{B} \cdot \vec{dl} = B \cdot dl = \mu_0 \cdot i_{env} \rightarrow Bl = \mu_0 Ni$$

Em que N é o número de espiras envolvidas pela amperiana. Portanto, o campo magnético em um solenoide ideal é dado por:

$$B_{solenoide} = \frac{\mu_0 Ni}{l} = \mu_0 ni$$

Em que n = N/l é a densidade linear de espiras, informadas usualmente por voltas/espiras por metro, no SI. Apesar de ser um resultado idealizado, ele continua válido para as regiões mais próximas ao eixo central de um solenoide real e longe das extremidades.

A Figura 6.10, a seguir, mostra como se comportam as linhas de campo magnético em um solenoide real, semelhante ao ímã permanente em barra.

Figura 6.10 – Linhas de campo de um solenoide real de 600 espiras

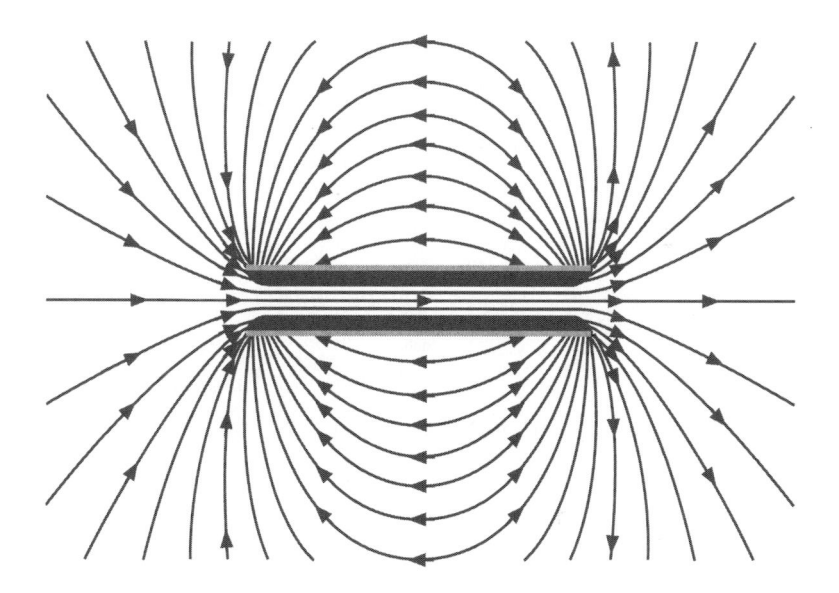

Fonte: Bauer; Westfall; Dias, 2012, p. 124.

A corrente no topo é dirigida para fora da página, enquanto na parte de baixo está orientada para dentro da página. Veja que, no centro do solenoide, as linhas de campo são bem mais intensas e praticamente uniformes, com distorções nas regiões próximas às extremidades.

6.7.1 Sentido de uma fem induzida

Um pouco depois de Faraday propor a lei da indução, o cientista Heinrich Lenz desenvolveu uma regra, conhecida como *lei de Lenz*, para determinar o sentido da corrente induzida em uma espira pela variação do fluxo de campo magnético. De forma conceitual, isso significa que a corrente gerada pela fem induzida circula no sentido necessário para produzir campo magnético que se oponha ao sentido de variação dele. De forma matemática, ela pode ser representada pelo sinal negativo na lei de Faraday, como:

$$\varepsilon = \frac{-d\Phi_B}{dt} = \frac{-d}{dt}\int_s \vec{B} \cdot \vec{dS}$$

Essa lei também é, por vezes, chamada de *lei de Faraday-Lenz*. Quando o campo magnético está aumentando em relação ao tempo e a área da espira é mantida fixa, a taxa de variação do fluxo magnético é positiva na direção do campo.

Logo, a corrente induzida provoca um campo induzido em sentido oposto. Já quando o campo magnético está diminuindo ao longo do tempo e a área é mantida fixa, o campo magnético produzido pela corrente induzida tem o mesmo sentido do campo magnético externo.

A Figura 6.11, a seguir, ilustra esse conceito, em que o campo produzido pela corrente no solenoide no instante em que o interruptor é fechado aumenta momentaneamente, até atingir seu valor máximo, e induz corrente elétrica no sentido contrário.

Figura 6.11 – Representação da lei de Faraday-Lenz

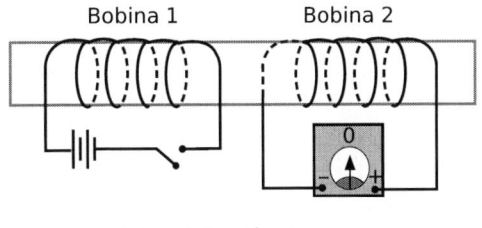

Bobina 1   Bobina 2

Interruptor aberto

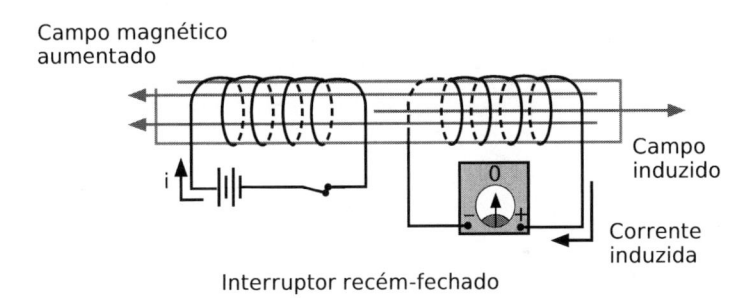

Campo magnético aumentado

Campo induzido

Corrente induzida

Interruptor recém-fechado

Fonte: Bauer; Westfall; Dias, 2012, p. 129.

Quando o interruptor da bobina primária é fechado, há um aumento do campo magnético induzido até alcançar o limite máximo. Enquanto o campo está aumentado, um campo magnético e uma corrente são induzidos na bobina secundária, em sentido contrário. Quando o campo na primeira bobina atinge o limite e não varia mais, o campo induzido desaparece.

A variação do campo magnético no tempo não é a única maneira de se variar o fluxo magnético através de uma espira. A outra maneira é alterar a área efetiva pela qual as linhas de campo fluem.

No início do capítulo, quando apresentamos o conceito de fluxo magnético, você viu que, dependendo da posição da espira em relação ao campo, o fluxo magnético pode variar.

Desse modo, se uma força externa produz um torque em uma espira e faz com que ela obtenha um movimento de rotação em meio a um campo magnético uniforme, também há corrente induzida.

Sendo o fluxo magnético dado por ΦB = BA cos θ, em que θ = ωt + ϕ, sendo ω a frequência angular de rotação da espira e ϕ uma fase arbitrária, a força eletromotriz é dada por:

$$\varepsilon = \frac{-d\Phi_B}{dt} = \frac{-d}{dt}\left(BA\cos(\omega t + \phi)\right) = BA\omega\sin(\omega t + \phi)$$

Esse é o princípio de funcionamento dos geradores elétricos de energia, como os utilizados em usinas hidrelétricas, termoelétricas, nucleares e eólicas (Chapman, 2013).

6.8 Lei de Lenz

Até aqui, você aprendeu a calcular a fem induzida a partir de um campo magnético variável. Como você deve ter percebido, a fem induzida faz com que uma corrente elétrica apareça em uma espira ou em um circuito elétrico. Ela pode ser no sentido horário ou anti-horário.

A direção da corrente em uma espira, por exemplo, depende da orientação das linhas de campo magnético que estão incidindo sobre a área da espira (se é o lado norte ou sul de um ímã, por exemplo) e do fato de o fluxo estar aumentando ou diminuindo (aproximando-se ou afastando-se de uma espira, por exemplo).

A lei de Lenz é uma relação eletromagnética aprimorada da lei de Faraday. Ela indica a direção da corrente induzida, de modo a criar um campo magnético que se oponha à mudança de fluxo magnético que a induziu no primeiro momento. Para esse entendimento ficar mais fácil, vamos tratar de quatro situações possíveis.

1ª situação

Trata-se de um ímã com o polo norte voltado para uma espira e aproximando-se com uma velocidade constante, conforme ilustrado na Figura 6.12a. Nessa situação, as linhas de campo do ímã saem do polo norte e entram pelo polo sul. A fem induzida aparece de modo a compensar essa mudança de fluxo magnético interno à espira. Você pode pensar que é como que se a espira produzisse o próprio campo magnético, a fim de conservar seu estado inicial, que era sem fluxo passando pelo seu interior. A partir do momento em que existe um aumento de fluxo magnético em seu interior (produzida pela aproximação do ímã da espira), a espira é induzida por esse campo magnético de forma a criar um campo magnético próprio que se opõe ao movimento das linhas de campo do ímã. Para se opor a esse movimento, a espira produz um campo magnético com um polo magnético na orientação contrária ao ímã, como você pode ver na figura representada pelo ímã fictício na cor cinza. Pela regra da mão direita, fica fácil observar que tal campo magnético, opondo-se ao campo magnético do ímã verdadeiro, produz uma corrente no sentido anti-horário.

2ª situação

Trata-se de um ímã com o polo norte afastando-se de uma espira com uma velocidade constante, conforme ilustrado na Figura 6.12b. Aqui, as linhas de campo magnético do ímã ainda estão direcionadas para dentro da espira, porém diminuindo sua densidade de linhas. Como a espira produz um campo magnético que se opõe à variação do fluxo de linhas, um campo magnético na espira é produzido de modo a se opor a essa variação. Dessa forma, um campo magnético interno da espira é produzido com o polo sul orientado na direção do ímã, na tentativa de diminuir a variação no fluxo. Pela regra da mão direita, o campo magnético produzido pelo ímã fictício da espira é resultado de uma fem induzida que produz uma corrente no sentido horário na espira.

3ª situação

Trata-se de um ímã com o polo sul aproximando-se de uma espira, com velocidade constante, conforme ilustrado na Figura 6.12c. Nessa situação, o polo sul do ímã tem suas linhas de campo entrando no polo. Como o ímã se aproxima da espira, esta é induzida por uma fem que faz criar um campo magnético interno a ela, que se opõe ao movimento do ímã. Para tanto, produz um campo magnético interno, com o polo sul orientado para cima, conforme ilustrado pelo ímã fictício em cinza. Utilizando a regra da mão direita, vemos que esse campo magnético interno acaba gerando uma corrente elétrica no sentido horário na espira.

4ª situação

Trata-se de um ímã com polo sul afastando-se de uma espira com velocidade constante, conforme ilustrado na Figura 6.12d. O fluxo de linhas de campo magnético, para esse caso, está diminuindo de densidade internamente à espira. Essa variação no fluxo magnético induz uma fem na espira de modo a criar um campo magnético que atraia o ímã na direção da espira, produzindo uma força magnética que se opõe ao movimento do ímã. Para tanto, um campo magnético interno à espira, com direção norte voltada para cima, é o resultado da fem induzida. Essa orientação magnética, representada pelo ímã em cinza na figura, produz uma corrente que vai ao sentido anti-horário na espira.

Figura 6.12 – Variação do fluxo magnético interno de uma espira, produzida pela aproximação ou pelo afastamento de um ímã em relação à espira

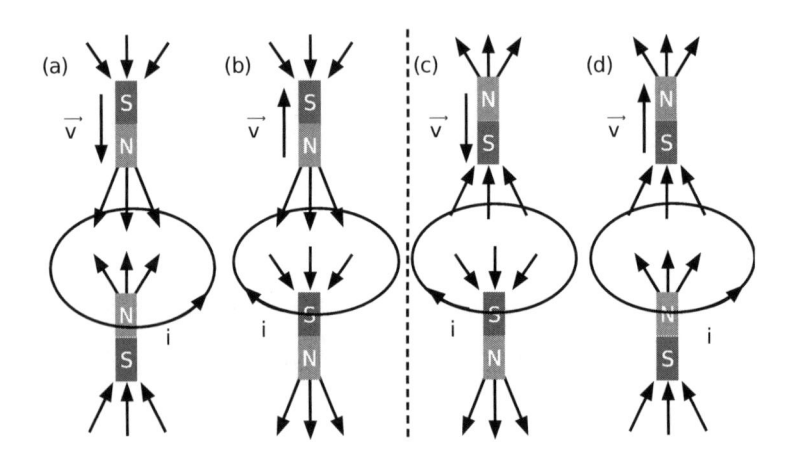

Fonte: Walker; Halliday; Resnick, 2014, p. 201.

A variação do fluxo magnético induz uma fem na espira, que, por sua vez, produz um campo magnético interno a ela, que se opõe ao movimento do ímã.

Para os exemplos da Figura 6.12, se a velocidade é aumentada ou diminuída, o fluxo magnético é aumentando ou diminuído proporcionalmente, dependendo da orientação da velocidade. A corrente também varia proporcionalmente.

A mesma ideia para se determinar a corrente elétrica em uma espira é válida quando o campo magnético que induz uma fem na espira é causado por outra espira, outra bobina ou outro solenoide, que varia sua corrente no tempo. Nesse caso, é preciso determinar a orientação do campo magnético produzido e como ele varia no tempo.

Síntes

- Neste capítulo, você conheceu a lei de Ampère e aprendeu a utilizá-la, compreendendo com detalhes o significado de cada um de seus termos. A aplicação dessa lei facilita o cálculo do campo magnético de configurações que apresentam simetria. Com ela, você pode calcular o campo produzido por um fio longo e retilíneo de corrente, além de determinar a expressão do campo no interior de solenoides e toroides, que são configurações utilizadas em diversas aplicações práticas. Com esse conhecimento, você será capaz de projetar equipamentos que necessitem de fontes de campo magnético, como as grandes bobinas em equipamentos de ressonância magnética, bem como calcular o campo gerado por outros tipos de geometria e compreender o funcionamento de diversos dispositivos que fazem uso dos conceitos aqui estudados.
- Você também estudou os princípios da indução eletromagnética, conhecendo os experimentos que levaram Faraday a concluir que a variação de fluxo magnético no tempo provoca o surgimento de uma

força eletromotriz. Vimos igualmente que, para determinar o sentido da fem e da corrente induzida em um circuito, basta utilizar a regra definida por Lenz, em que a corrente elétrica circula no sentido de produzir campo magnético que se contrapõe ao sentido de variação do fluxo magnético.

Estudos de caso

Válvulas solenoides

Este caso aborda a utilização das válvulas solenoides para diversas situações. As válvulas solenoides são válvulas eletromecânicas utilizadas frequentemente na indústria com a intenção de controlar o fluxo de líquidos ou de gases.

Joana é uma engenheira hidráulica e foi contratada por um *garden center* para desenvolver um sistema automatizado de irrigação, funcionando em determinados horários do dia e organizado por setores, já que plantas diferentes têm necessidades diferentes. Uma peça-chave para o projeto é a válvula solenoide, e Joana conhece bem seu funcionamento.

Para desenvolver seu projeto automatizado de forma econômica, ela projetou um sistema simples: uma válvula motorizada de 12 V para controlar o fluxo de água em um aspersor (*sprinkler*) e um circuito de controle com microcontrolador ligado a um relé com chave H-H, distribuídos em pontos estratégicos do espaço e programado de acordo com a orientação do cliente.

Resolução

Entre os diversos tipos de válvulas, a escolhida foi uma válvula solenoide normalmente fechada.

Quando a válvula não está ligada, ou seja, quando não há corrente circulando no solenoide contido no dispositivo, não há campo magnético na armadura, e o êmbolo é empurrado pela mola, fechando a passagem de água.

Já quando a válvula é energizada, o campo magnético gerado pelo solenoide faz com que o êmbolo seja atraído pela armadura, superando a força de resistência da mola e abrindo a passagem de água.

Dado o tempo programado no microcontrolador, o sentido da corrente é invertido, repelindo o êmbolo e empurrando-o para baixo, bloqueando novamente a passagem de água, que é mantido pela mola mesmo após o desligamento da válvula.

Com a ideia central em mente, Joana pôde por o projeto em prática.

Circuito do chuveiro elétrico

Você já deve ter reparado nas chaves "verão" e "inverno" dos chuveiros elétricos, não é mesmo? Como funciona esse mecanismo que deixa a água quente ou fria? Basicamente, o chuveiro aquece a água por meio do efeito Joule, fenômeno que transforma energia elétrica em energia térmica. Isso acontece quando os elétrons da corrente elétrica se chocam com seus átomos e provocam aumento da agitação e, assim, o aumento da temperatura.

João foi comprar um chuveiro e percebeu que dentro do chuveiro há um resistor. Quando ele é ligado, a corrente passa pelo resistor, ele se aquece, e o calor liberado aquece a água em seu redor, tornando o banho do João mais quente no inverno.

João observou que geralmente há opção de temperatura, como os modos "verão" e "inverno".

Nesses modos, a temperatura é regulada, selecionando-se, assim, a extensão do resistor por onde passará a corrente.

João monta um esquema em sua cabeça, no qual o circuito poderá ser ligado em B ou C, fazendo com que a corrente passe em diferentes extensões do resistor. João se questiona: O que poderia acontecer se ele escolhesse a chave B ou a chave C? E quais chaves representariam o verão e o inverno?

Resolução

João relaciona esse caso com a aula de Física que teve sobre tensão, resistência e corrente.

Mantendo-se a tensão constante, se João escolhesse a chave C, teríamos uma resistência maior e, consequentemente, uma corrente menor.

Uma corrente menor implicaria menos elétrons passando, e menos choques com os átomos do condutor ocorreriam. Com esse resultado João chega à conclusão de de que a chave C estaria no modo ""verão"".

Utilizando a mesma relação que João aprendeu na aula de Física, se ele escolhesse a chave B, mantendo a tensão constante, teríamos uma resistência menor e, consequentemente, uma corrente maior.

Uma corrente maior implicaria mais elétrons passando, e mais choques com os átomos do condutor ocorreriam. Com esse resultado João chega a conclusão que a chave B estaria no modo inverno.

Considerações finais

O eletromagnetismo é uma área da ciência que tem se mostrado extremamente útil para entendermos as origens do Universo. Esse tem sido um dos principais fatores que vêm colaborando para que essa área evolua cada vez mais com o passar dos anos.

Na seção inaugural deste livro, tratamos de vetores e operações vetoriais, ou seja, todos os assuntos relacionados à área de vetor.

Buscando superar os desafios para a transmissão desse conhecimento, optamos por referenciar uma parcela significativa da literatura especializada e dos estudos científicos a respeito dos temas contemplados. Além disso, apresentamos uma diversidade de informações complementares para enriquecer o processo de construção de conhecimentos aqui almejado e procuramos oferecer aportes práticos relacionados ao eletromagnetismo.

Visando elencar os principais tópicos aqui trabalhados, destacamos primeiramente a abordagem apresentada no Capítulo 1, em que abordamos os vetores, as operações com vetores, o produto entre dois vetores, a notação vetorial, o produto misto, o duplo produto vetorial e o subespaço vetorial.

O Capítulo 2 teve como foco principal a carga elétrica, incluindo os processos de eletrização, as propriedades elétricas, as leis de Coulomb e de Gauss, o campo elétrico e o potencial elétrico. O Capítulo 3, por sua vez, foi dedicado ao estudo da corrente elétrica, definindo o que vem ser essa corrente e quais são suas equações. Apresentamos a lei de Ohm, o circuito de corrente alternada, a corrente alternada em comparação com a corrente contínua e os fasores.

O Capítulo 4 tratou das equações de Maxwell do eletromagnetismo, concentrando-se nas diferentes leis do eletromagnetismo e em seu cálculo.

O Capítulo 5 abordou a definição e a concepção dos capacitadores e, por fim, o Capítulo 6 versou sobre a esfera magnetostática.

Partindo-se desses pontos, é possível perceber o quanto o eletromagnetismo é uma disciplina ampla, constituída por conceitos e fundamentos que requerem atenção especial.

Referências

ALEXANDER, C. K.; SADIKU, M. N. O. **Fundamentos de circuitos elétricos**. 5. ed. Porto Alegre: AMGH, 2013.

ANTON, H.; BIVENS, I.; DAVIS, S. **Cálculo**. 10. ed. Porto Alegre: Bookman, 2014. v. 1 e 2.

BAUER, W.; WESTFALL, G. D.; DIAS, H. **Física para universitários**: eletricidade e magnetismo. Porto Alegre: McGraw Hill, 2012.

BOYLESTAD, R. L. **Introdução à análise de circuitos**. 10. ed. São Paulo: Pearson Education, 2011.

BURIAN JR., Y.; LYRA, A. C. C. **Circuitos elétricos**. São Paulo: Pearson Prentice Hall, 2006.

CHAPMAN, S. J. **Fundamentos de máquinas elétricas**. 5. ed. Porto Alegre: AMGH, 2013.

EDMINISTER, J. A. **Circuitos elétricos**. São Paulo: McGraw Hill, 1978.

EDMINISTER, J. A.; NAHVI-DEKHORDI, M. **Eletromagnetismo**. 3. ed. Porto Alegre: Bookman, 2013. (Coleção Schaum).

FEYNMAN, R. P.; LEIGHTON, R. B.; SANDS, M. **Lições de física de Feynman**. Porto Alegre: Bookman, 2008. v. 3

FUSCO, V. F. **Teoria e técnicas de antenas**: princípios e prática. Porto Alegre: Bookman, 2006.

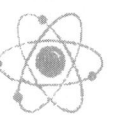

GRAU, J.; BOSCH, E.; TALAYA, J. La transición de la geoinformación oficial a ETRS89 en Catalunya. **Revista Catalana de Geografia**, ano IV, v. 17, n. 45, jun. 2012. Disponível em: <http://www.rcg.cat/articles.php?id=236>. Acesso em: 22 jun. 2021.

GUSSOW, M. M. S. **Eletricidade básica**. 2. ed. Porto Alegre: Bookman, 2009. (Coleção Schaum).

HALLIDAY, D.; RESNICK, R.; KRANE, K. S. **Física 3**. 5. ed. São Paulo: LTC, 2004.

HALLIDAY, D.; RESNICK, R.; WALKER, J. **Fundamentals of Physics**. New Jersey: Wiley, 2014.

HALLIDAY, D.; RESNICK, R.; WALKER, J. **Fundamentos de física**: eletromagnetismo. 8. ed. Rio de Janeiro: LTC, 2009. v. 3.

HALLIDAY, D.; RESNICK, R.; WALKER, J. **Fundamentos de física**: mecânica. 10. ed. Rio de Janeiro: LTC, 2016. v. 1.

HAYT JR., W. H.; BUCK, J. A. **Eletromagnetismo**. 8. ed. Porto Alegre: AMGH, 2013.

HAYT JR., W. H.; KEMMERLY, J. E.; DURBIN, S. M. **Análise de circuitos em engenharia**. 8. ed. Porto Alegre: McGraw Hill, 2014.

IGOE, T. **Basic Electrical Definitions**. Disponível em: <http://www.tigoe.com/pcomp/code/circuits/understanding-electricity/>. Acesso em: 9 set. 2021.

HEWITT, P. G. **Física conceitual**. 12. ed. Porto Alegre: Bookman, 2015.

JOHNSON, D. E.; HILBURN, J. L.; JOHNSON, J. R. **Fundamentos de análise de circuitos elétricos**. 4. ed. Rio de Janeiro: Prentice Hall do Brasil, 1994.

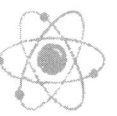

KNIGHT, R. D. **Física**: uma abordagem estratégica. 2. ed. Porto Alegre: Bookman, 2009. v. 3.

MARKUS, O. **Circuitos elétricos**: corrente contínua e corrente alternada. São Paulo: Érica, 2001.

MENDES, F. **Eletricidade básica**. Cuiabá: UFMT, 2010.

NILSSON, J. W.; RIEDEL, S. A. **Circuitos elétricos**. 8. ed. São Paulo: Pearson Education, 2009.

NUSSENZVEIG, H. M. **Curso de física básica**. São Paulo: Blucher, 2015. v. 3: Eletromagnetismo.

REITZ, J. R.; MILFORD, F. J.; CHRISTY, R. W. **Fundamentos da teoria eletromagnética**. 4. ed. São Paulo: Pearson, 1992.

ROCHA, J. E. **Qualidade da energia elétrica**. Curitiba, 2016. Disponível em: <https://www.protcom.net/Literatura/Medicao/Qualidade/NOTAS%20DE%20AULA/NOTAS%20DE%20AULA_QUALIDADE%20ENERGIA%20EL%C3%89TRICA.pdf>. Acesso em: 3 set. 2021.

SADIKU, M. N. O. **Elementos de eletromagnetismo**. 5. ed. Porto Alegre: Bookman, 2012.

SADIKU, M. N. O.; MUSA, S.; ALEXANDER, C. K. **Análise de circuitos elétricos com aplicações**. Porto Alegre: AMGH, 2014.

SANTOS, F. J. dos; FERREIRA, S. F. **Geometria analítica**. Porto Alegre: Bookman, 2009.

SERWAY, R. A. **Física para cientistas e engenheiros**. 3. ed. Rio de Janeiro: LTC, 1992. v. 3: Luz, óptica e física moderna.

SMITH, W. F.; HASHEMI, J. **Fundamentos de engenharia e ciência dos materiais**. 5. ed. Porto Alegre: McGraw Hill, 2012.

SWOKOWSKI, E. W. **Cálculo com geometria analítica.** 2. ed. São Paulo: Makron Books, 1994.

TIPLER, P. A.; MOSCA, G. **Física para cientistas e engenheiros.** 6. ed. Rio de Janeiro: LTC, 2009. v. 1: Física moderna: mecânica quântica, relatividade e a estrutura da matéria.

ULABY, F. T. **Eletromagnetismo para engenheiros.** Porto Alegre: Bookman, 2007.

WEG. **Manual para correção do fator de potência.** Disponível em: <https://static.weg.net/medias/downloadcenter/hea/h8b/WEG-correcao-do-fator-de-potencia-958-manual-portugues-br.pdf>. Acesso em: 9 set. 2021.

WENTWORTH, S. M. **Eletromagnetismo aplicado**: abordagem antecipada das linhas de transmissão. Porto Alegre: Bookman, 2009.

WINTERLE, P. **Vetores e geometria analítica.** 2. ed. São Paulo: Pearson, 2014.

YOUNG, H. D.; FREEDMAN, R. A.; FORD, A. L. **University Physics with Modern Physics.** [S.l.]: [s.n.], 2011.

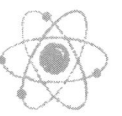

Bibliografia comentada

BAUER, W.; WESTFALL, G. D.; DIAS, H. **Física para universitários**: eletricidade e magnetismo. Porto Alegre: McGraw Hill, 2012.

A obra apresenta considerações sobre o eletromagnetismo, destacando, inclusive, que o cientista americano John Henry fez as mesmas descobertas de Faraday, de forma independente e na mesma época, mas foi este último quem publicou e formalizou seus achados. Para compreender como o processo de indução eletromagnética acontece, é necessário entender o conceito de fluxo magnético.

HAYT JR., W. H.; KEMMERLY, J. E.; DURBIN, S. M. **Análise de circuitos em engenharia**. 8. ed. Porto Alegre: McGraw Hill, 2014.

Essa obra recorda que um dos objetivos dos cientistas no século XIX era encontrar a relação entre a eletricidade e o magnetismo. Em 1819, o físico Hans Oersted fez um experimento simples, mas que revelou uma fonte de campo magnético diferente do ímã: a corrente elétrica. Ao colocar uma bússola próxima a um fio retilíneo conduzindo corrente, ele percebeu que a agulha indicava um campo magnético circulando ao redor desse fio em um plano perpendicular ao sentido da corrente. Ampère estava presente na reunião em que Oersted apresentou seus resultados à comunidade científica, em um congresso em Paris.

FOWLER, R. **Fundamentos de eletricidade**: corrente contínua e magnetismo. Porto Alegre: Bookman, 2013.

O livro trata dos fundamentos da eletricidade, expondo que nas linhas de transmissão de corrente alternada de energia elétrica e nos condutores de corrente alternada de alta frequência, a corrente elétrica não flui de forma uniforme. Ela se concentra nas bordas do condutor, a uma profundidade de penetração. Por conta do efeito pelicular (do inglês skin effect), o centro do condutor de alumínio em linhas de transmissão é substituído por uma alma de aço, aumentando a resistência mecânica e diminuindo custos, sem influenciar na resistência elétrica.

KNIGHT, R. D. **Física**: uma abordagem estratégica. 2. ed. Porto Alegre: Bookman, 2009. v. 3.

Essa obra trata da eletricidade e do magnetismo, esclarecendo que, quanto maior for o número de voltas e camadas em um solenoide, mais intenso será o campo magnético em seu interior. Quando as espiras de um solenoide estão muito próximas e seu comprimento é muito maior que o diâmetro, pode-se julgá-lo como ideal. Nesse caso, o campo magnético pode ser considerado uniforme em sua região interna e nulo na região externa. Ao aplicar a lei de Ampère, você encontrará de forma simples uma expressão para o campo magnético dentro desse dispositivo.

CHAPMAN, S. J. **Fundamentos de máquinas elétricas**. 5. ed. Porto Alegre: AMGH, 2013.

Essa obra aborda os fundamentos de máquinas elétricas, retratando que, em usinas hidrelétricas, a energia da água é responsável por fornecer potência mecânica ao gerador, que a converte em potência elétrica. Em usinas termoelétricas e nucleares, o fluido responsável também é a água, mas em forma de vapor. A queima de combustíveis fósseis e biomassa ou a liberação de calor pelo processo de fissão nuclear fazem com que a água receba energia em uma caldeira e se transforme em vapor em alta pressão, movendo uma turbina presa ao rotor do gerador, produzindo energia elétrica da mesma maneira. Outro fluido que também é utilizado para a geração de energia elétrica é o ar, nas usinas eólicas. Regiões próximas às áreas litorâneas (ou offshore), em corredores entre montanhas e outras regiões, sujeitas a ventos de alta velocidade, podem ser aproveitadas para a geração de energia elétrica.

Sobre a autora

Diovana de Mello Lalis é graduada em Física pela Universidade Federal de Santa Maria – UFSM (2011), mestra em Física pela Universidade do Estado de Santa Catarina – Udesc (2015) e doutora em Física pela UFSM (2019). Atualmente, é professora do curso de Engenharia de Produção na UCEFF e professora do estado de Santa Catarina. Tem experiência na área de supercondutores e sistemas fortemente correlacionados.

Impressão:
Setembro/2021